10 일에 완성하는 영역별 연산 총정리

바쁜

3·4학년을 위한

빠른 곱셈

한 번에
잡자!

한 권으로
총정리!

- 곱셈의 기초
- 두 자리 수의 곱셈
- 세 자리 수의 곱셈

이지스에듀

지은이 징검다리 교육연구소, 최순미

징검다리 교육연구소는 바쁜 친구들을 위한 빠른 학습법을 연구하는 이지스에듀의 공부 연구소입니다. 아이들이 기계적으로 공부하지 않도록, 두뇌가 활성화되는 과학적 학습 설계가 적용된 책을 만듭니다.

최순미 선생님은 영역별 연산 훈련 교재로, 연산 시장에 새바람을 일으킨 ≪바쁜 5·6학년을 위한 빠른 연산법≫, ≪바쁜 3·4학년을 위한 빠른 연산법≫, ≪바쁜 1·2학년을 위한 빠른 연산법≫시리즈와 요즘 학교 시험 서술형을 누구나 쉽게 익힐 수 있는 ≪나 혼자 푼다! 수학 문장제≫ 시리즈를 집필한 저자입니다. 또한, 20년이 넘는 기간 동안 EBS, 디딤돌 등과 함께 100여 종이 넘는 교재 개발에 참여해 온, 초등 수학 전문 개발자입니다.

바쁜 친구들이 즐거워지는 빠른 학습법 – 바빠 연산법 시리즈(개정판)

바쁜 3, 4학년을 위한 빠른 곱셈

초판 발행 2021년 9월 15일
      (2014년 7월에 출간된 책을 새 교육과정에 맞춰 개정했습니다.)
초판 10쇄 2025년 1월 24일
지은이 징검다리 교육연구소, 최순미
발행인 이지연
펴낸곳 이지스퍼블리싱(주)
출판사 등록번호 제313-2010-123호
주소 서울시 마포구 잔다리로 109 이지스 빌딩 5층(우편번호 04003)
대표전화 02-325-1722   팩스 02-326-1723
이지스퍼블리싱 홈페이지 www.easyspub.com   이지스에듀 카페 www.easysedu.co.kr
바빠 아지트 블로그 blog.naver.com/easyspub   인스타그램 @easys_edu
페이스북 www.facebook.com/easyspub2014   이메일 service@easyspub.co.kr

본부장 조은미 기획 및 책임 편집 박지연 | 김현주, 정지희, 정지연, 이지혜 교정 교열 박현진
표지 및 내지 디자인 정우영 그림 김학수 전산편집 이츠북스 인쇄 보광문화사
영업 및 문의 이주동, 김요한(support@easyspub.co.kr)
마케팅 라혜주 독자 지원 박애림, 김수경

ISBN 979-11-6303-285-4 64410
ISBN 979-11-6303-253-3(세트)
가격 9,800원

알찬 교육 정보도 만나고 출판사 이벤트에도 참여하세요!

1. 바빠 공부단 카페   2. 인스타그램   3. 카카오 플러스 친구
cafe.naver.com/easyispub   @easys_edu   🔍 이지스에듀 검색!

• **이지스에듀**는 이지스퍼블리싱의 교육 브랜드입니다.
  (이지스에듀는 아이들을 탈락시키지 않고 모두 목적지까지 데려가는 책을 만듭니다!)

"펑펑 쏟아져야 눈이 쌓이듯, 공부도 집중해야 실력이 쌓인다."

교과서 집필 교수, 영재교육 연구소, 수학 전문학원, 명강사들이 적극 추천하는 '바빠 연산법'

같은 영역끼리 모아서 집중적으로 연습하면 개념을 스스로 이해하고 정리할 수 있습니다. 이 책으로 공부하는 아이들이라면 수학을 즐겁게 공부하는 모습을 볼 수 있을 것입니다.

김진호 교수(초등 수학 교과서 집필진)

'바빠 연산법' 시리즈는 수학적 사고 과정을 온전하게 통과하도록 친절하게 안내하는 길잡이입니다. 이 책을 끝낸 학생의 연필 끝에는 연산의 정확성과 속도가 장착되어 있을 거예요!

호사라 박사(분당 영재사랑 교육연구소)

단순 반복 계산이 아닌 이해를 바탕으로 스스로 생각하는 힘을 길러 주는 연산 책입니다. 수학의 자신감을 키워 줄 뿐 아니라 심화·사고력 학습에도 도움을 줄 것입니다.

박지현 원장(대치동 현수학학원)

고학년의 연산은 기초 연산 능력에 비례합니다. 기초 연산을 총정리하면서 빈틈을 찾아서 메꾸는 3·4학년용 교재를 기다려왔습니다. '바빠 연산법'이 짧은 시간 안에 연산 실력을 완성하는 데 도움이 될 것입니다.

김종명 원장(분당 GTG수학 본원)

단계별 연산 책은 많은데, 한 가지 연산만 집중하여 연습할 수 있는 책은 없어서 아쉬웠어요. 고학년이 되기 전에 사칙연산에 대한 총정리가 필요했는데 이 책이 안성맞춤이네요.

정경이 원장(하늘교육 문래학원)

아이들을 공부 기계로 보지 않는 책, 그래서 단순 반복은 없지요. 쉬운 내용은 압축, 어려운 내용은 충분히 연습하도록 구성해 학습 효율을 높인 '바빠 연산법'을 적극 추천합니다.

한정우 원장(일산 잇츠수학)

수학 공부라는 산을 정상까지 오른다는 점은 같지만, 어떻게 오르느냐에 따라 걸리는 노력과 시간에도 큰 차이가 있죠. 수학이라는 산에 가장 빠르고 쉽게 오르도록 도와줄 책입니다.

김민경 원장(더원수학)

빠르게, 하지만 충실하게 연산의 이해와 연습이 가능한 교재입니다. 수학이 어렵다고 느끼지만 어디부터 시작해야 할지 모르는 학생들에게 '바빠 연산법'을 추천합니다.

남신혜 선생(서울 아카데미)

취약한 연산만 빠르게 보강하세요!

곱셈과 나눗셈을 잘해야 분수와 소수도 잘할 수 있어요.

곱셈과 나눗셈이 흔들리니 분수와 소수도 풀기 힘들어!

기초가 부실해!

**수학 실력을
좌우하는 첫걸음,
사칙연산**

초등 수학의 80%는 연산으로 그 비중이 매우 높습니다. 그런데 수학 문제를 풀 때 기초 계산이 느리면 문제를 풀 때마다 두뇌는 쉽게 피로를 느끼게 됩니다. 그래서 수학은 사칙연산부터 완벽하게 끝내야 합니다. 연산이 능숙하지 않은데 진도만 나가는 것은 모래 위에 성을 쌓는 것과 같습니다. 3·4학년이라면 덧셈과 뺄셈뿐 아니라 곱셈과 나눗셈까지도 그냥 할 줄 아는 정도가 아니라 아주 숙달되어야 합니다. 사칙연산이 앞으로의 수학 실력을 좌우하기 때문입니다.

**"사고력을
키운다고 해서
연산 능력이 저절로
키워지지는 않는다!"**

학원에 다니는 상위 1% 학생도 계산력이 부족하면 진도와는 별도로 연산이 완벽해지도록 훈련을 시킵니다.

수학 경시대회 1등 한 학생을 지도한 원장님조차도 "연산 능력은 수학 진도를 선행한다거나, 사고력을 키운다고 해서 저절로 해결되지 않습니다. 계산 능력에 관한 한, 무조건 훈련 또 훈련을 반복해서 숙달되어야 합니다. 연산이 먼저 해결되어야 문제 해결력을 높일 수 있거든요."(성균관대 수학경시 대상 수상 학생을 지도한 최정규 원장)라고 말합니다.

곱셈과 나눗셈이 흔들리면 분수와 소수 계산도 무너집니다. 안 되는 연산에 집중해서 시간을 투자해 보세요.

구슬을 꿰어 목걸이를 만들 듯, 여러 학년에서 흩어져서 배운 연산 총정리!

또한, 한 연산 안에서 체계적인 학습이 진행되어야 합니다. 예를 들어 곱셈을 할 때 올림이 없는 곱셈도 능숙하지 않은데, 올림이 있는 곱셈을 연습하면 연산이 아주 힘들게 느껴질 수밖에 없습니다.

초등 교과서는 '수와 연산', '도형', '측정', '확률과 통계', '규칙성'의 5가지 영역을 배웁니다. 자기 학년의 수학 과정을 공부하는 것도 중요하지만, 연산을 먼저 챙기는 것이 가장 중요합니다. 연산은 나머지 수학 분야에 영향을 미치니까요.

4학년 수학을 못한다고 1학년부터 3학년 수학 교과서를 모두 다시 봐야 할까요? 무작정 수학 전체를 복습하는 것은 비효율적입니다. 취약한 연산부터 집중하여 해결하는 게 필요합니다. 띄엄띄엄 배워 잊어먹었던 지식이 구슬이 꿰어지듯, 하나로 엮이면서 사고력도 강화되고, 배운 연산을 기초로 다음 연산으로 이어지니 막힘없이 수학을 풀어나갈 수 있습니다.

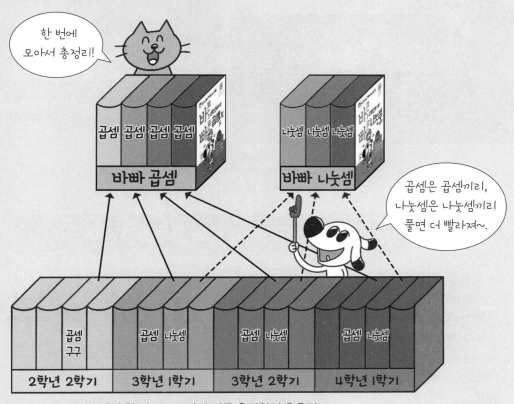

한 번에 모아서 총정리!!

곱셈은 곱셈끼리, 나눗셈은 나눗셈끼리 풀면 더 빨라져~.

곱셈만, 또는 나눗셈만 한 권으로 모아서 집중 훈련하면 효율적!

**펑펑 쏟아져야
눈이 쌓이듯,
공부도 집중해야
실력이 쌓인다!**

눈이 쌓이는 걸 본 적이 있나요? 눈이 오다 말면 모두 녹아 버리지만, 펑펑 쏟아지면 차곡차곡 바닥에 쌓입니다. 공부도 마찬가지입니다. 며칠에 한 단계씩, 찔끔찔끔 공부하면 배운 게 쌓이지 않고 눈처럼 녹아 버립니다. 집중해서 펑펑 공부해야 실력이 차곡차곡 쌓입니다.

'바빠 연산법' 시리즈는 한 권에 24단계씩 모두 4권으로 구성되어 있습니다. 몇 달에 걸쳐 푸는 것보다 하루에 1~2단계씩 10~20일 안에 푸는 것이 효율적입니다. 집중해서 공부하면 전체 맥락을 쉽게 이해할 수 있어서 한 권을 모두 푸는 데 드는 시간도 줄어들 것입니다. 어느 '하나'에 단기간 몰입하여 익히면 그것에 통달하게 되거든요.

I주일에 한 번씩 공부했더니 다 녹아 버렸네?

날마다 30분씩 연산을 공부했더니 이렇게 쌓였어!

10~20일 안에 풀면 한 권을 푸는 데 드는 시간도 줄어듭니다.

바빠 공부단 카페에서 함께 공부하면 재미있어요!

'바빠 공부단'(cafe.naver.com/easyispub) 카페에서 함께 공부하세요~. 바빠 친구들의 공부를 도와주는 '바빠쌤'의 조언을 들을 수 있어요. 책 한 권을 다 풀면 다른 책 1권을 선물로 드리는 '바빠 공부단' 제도도 있답니다. 함께 공부하면 혼자 할 때보다 더 꾸준히 효율적으로 공부할 수 있어요!

학원 선생님과 독자의 의견 덕분에 더 좋아졌어요!

'바빠 연산법'이 개정 교육과정을 반영해 새롭게 나왔습니다. 이번 판에서는 '바빠 연산법'을 이미 풀어 본 학생, 학부모, 학원 선생님들의 의견을 받아 학습 효과를 더욱 높였습니다. 이를 위해 학생이 직접 푼 교재 30여 권을 다시 수거해 아이들이 어떻게 풀었는지, 어느 부분에서 자주 틀렸는지 등의 실제 학습 패턴을 파악했습니다. 또한 아이의 학습을 어떻게 진행했는지 학부모, 학원 선생님들과 소통했습니다. 이렇게 독자 여러분의 생생한 의견을 종합해 '진짜 효과적인 방법', '직접 도움을 주는 방향'으로 구성했습니다.

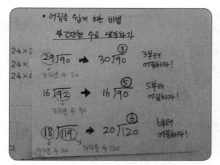

수학학원 원장님에게 받은 꿀팁 수록!

실제 독자가 푼 '바빠 연산법' 책을 통해 학습 패턴 파악!

✪ 우리 집에서도 진단 평가 후 맞춤 학습 가능!

집에서도 현재 아이의 학습 상태를 정확하게 진단하고, 맞춤형 학습 계획을 세우고 싶다는 학부모님의 의견을 반영하여, 수학 학원 원장님들이 자주 쓰는 진단 평가 방식을 적용했습니다.

▶▶▶ 13쪽

✪ 쉬운 부분은 빠르게 훑고, 어려운 내용은 더 많이 연습하는 탄력적 배치!

기계적으로 반복하는 연산 문제는 풀기 싫어한다는 의견을 적극 반영하여, 간단한 연습만으로도 충분한 단계는 3쪽으로, 더 많은 연습이 필요한 단계는 4쪽, 5쪽으로 확대하여 더욱 탄력적으로 구성했습니다. 기계적인 반복 훈련을 배제하여 같은 시간을 들여도 더 효율적으로 공부할 수 있습니다.

선생님이 바로 옆에 계신 듯한 설명

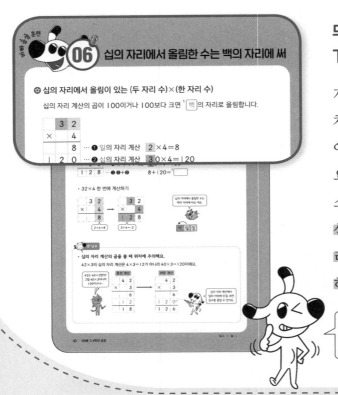

무조건 풀지 않는다!
개념을 보고 '느낌 알면서~.'

개념을 바르게 이해하지 못한 채 생각 없이 문제만 풀다 보면 어느 순간 벽에 부딪힐 수 있어요. 기초 체력을 키우려면 영양소를 골고루 섭취해야 하듯, 연산도 훈련 과정에서 개념과 원리를 함께 접해야 기초를 건강하게 다질 수 있답니다.

오호! 제목만 읽어도 개념이 쏙쏙~.

우왓! 비법을 아니 쉽네? '바빠 꿀팁'과 '앗! 실수'를 꼭 봐요~.

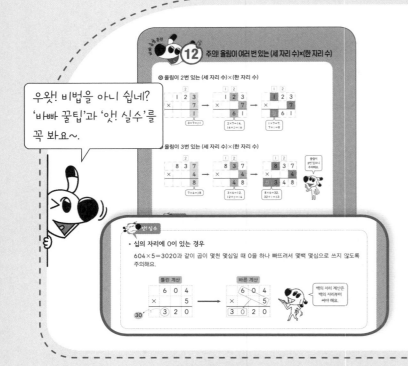

책 속의 선생님!
'바빠 꿀팁'과 '앗! 실수'로
선생님과 함께 푼다!

수학 전문학원 원장님들의 의견을 받아 책 곳곳에 친절한 도움말을 담았어요. 문제를 풀 때 알아 두면 좋은 '바빠 꿀팁'부터 실수를 줄여 주는 '앗! 실수'까지! 혼자 푸는데도 선생님이 옆에 있는 것 같아요!

종합 선물 같은 훈련 문제

실력을 쌓아 주는 바빠의 '작은 발걸음' 방식!

쉬운 내용은 빠르게 학습하고, 어려운 부분은 더 많이 훈련하도록 구성해 학습 효율을 높였어요. 또한 조금씩 수준을 높여 도전하는 바빠의 '작은 발걸음 방식(small step)'으로 몰입도를 높였어요.

느닷없이 어려워지지 않으니 끝까지 풀 수 있어요~.

다양한 문제로 이해하고, 내 것으로 만드니 자신감이 저절로!

단순 계산력 문제만 연습하고 끝나지 않아요. 쉬운 생활 속 문장제와 사고력 문제를 완성하며 개념을 정리하고, 한 마당이 끝날 때마다 섞어서 연습하고, 게임처럼 즐겁게 마무리하는 종합 문제까지!

다양한 유형의 문제로 즐겁게 학습해요~!

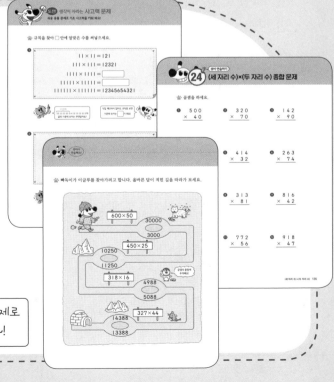

3·4학년 바빠 연산법, 집에서 이렇게 활용하세요!

'바빠 연산법 3·4학년' 시리즈는 고학년이 되기 전, 기본적으로 완성해야 하는 자연수의 사칙연산을 영역별로 한 권씩 정리할 수 있는 영역별 연산 시리즈입니다. 각 책은 총 24단계, 각 단계마다 20분 내외로 풀도록 구성되어 있습니다.

☆ 전반적으로 수학이 어려운 학생이라면?

'바빠 연산법'의 '덧셈 → 뺄셈 → 곱셈 → 나눗셈' 순서로 개념부터 공부하기를 권합니다. 개념을 먼저 이해한 다음 문제를 풀면 연산의 재미와 성취감을 느끼게 될 거예요. 그런 다음, 내가 틀린 문제는 연습장에 따로 적어 한 번 더 반복해서 풀어 보세요. 수학에 자신감이 생길 거예요.

☆ '뺄셈이 어려워', '나눗셈이 약해' 특정 영역이 자신 없다면?

뺄셈을 못한다면 '뺄셈'부터, 곱셈이 불안하다면 '곱셈'부터 시작하세요. 단, 나눗셈이 약한 친구들은 다시 생각해 보세요. 나눗셈이 서툴다면 곱셈이 약해서 나눗셈까지 흔들렸을지도 몰라요. 먼저 '곱셈'으로 곱셈의 속도와 정확도를 높인 후 '나눗셈'으로 총정리를 하세요.

▶ '분수'가 어렵다면? 분수의 기초를 다질 수 있는 '바쁜 3·4학년을 위한 빠른 분수'도 있습니다.

바빠 수학,
학원에서는 이렇게 활용해요!

도움말: 더원수학 김민경 원장(네이버 '바빠 공부단 카페' 바빠쌤)

☆ 학습 결손 해결, 1:1 맞춤 보충 교재는? '바빠 연산법'

'바빠 연산법은' 영역별로 집중 훈련하도록 구성되어, 학생별 1:1 맞춤 수업 교재로 사용합니다. 분수가 부족한 학생은 분수로 빠르게 결손을 보강하고, 기초 연산 실력이 부족한 친구들은 덧셈, 뺄셈, 곱셈, 나눗셈 등 기본 연산부터 훈련합니다. 부족한 부분만 핀셋으로 콕! 집듯이 공부할 수 있어 좋아요! 숙제나 보충 교재로 활용한다면 기존 수업 방식에 큰 변화 없이도 부족한 연산 결손을 보강할 수 있어 활용도가 높습니다.

☆ 다음 학기 선행은? '바빠 교과서 연산'

'바빠 교과서 연산'은 학기 중 진도 따라 풀어도 좋은 책입니다. 그리고 방학 동안 다음 학기 선행을 준비할 때도 큰 도움이 됩니다. 일단 쉽기 때문입니다. 교과서 순서대로 빠르게 공부할 수 있어 짧은 방학 동안 부담 없이 학습할 수 있습니다. 첫 번째 교과 수학 선행 책으로 추천합니다.

☆ 서술형 대비는? '나 혼자 푼다! 수학 문장제'

연산 영역을 보강한 학생 중 서술형을 어려워하는 학생은 마지막에 꼭 '나 혼자 푼다! 수학 문장제'를 추가로 수업합니다. 학교 교과 수준의 어렵지도 쉽지도 않은 딱 적당한 난이도라, 공부하기 좋아요. 다양한 꿀팁과 친절한 설명이 담겨 있는 시리즈로, 학생 혼자서도 충분히 풀 수 있어 숙제로 내주기도 합니다.

바쁜 3·4학년을 위한 빠른 곱셈

바쁜 3·4학년을 위한 빠른 곱셈

진단 평가

'차근차근 문제를 풀어 더 정확하게 확인하겠다!' 면 20문항을 모두 풀고,
'빠르게 확인하고 계획을 세울 자신이 있다!' 면 짝수 문항만 풀어 보세요.

내 실력은 어느 정도일까?

15분 진단

평가 문항: 20문항

3학년은 풀지 않아도 됩니다.
➡ 바로 20일 진도로 진행!

진단할 시간이 부족하다면?

7분 진단

짝수 문항만
풀어 보세요~.

평가 문항: 10문항

학원이나 공부방 등에서
진단 시간이 부족할 때 사용!

🕐 시계가 준비 됐나요?
자! 이제, 제시된 시간 안에 진단 평가를 풀어 본 후
16쪽의 '권장 진도표'를 참고하여 공부 계획을 세워 보세요.

🐾 곱셈을 하세요.

❶ $3 \times 9 =$

② $7 \times 8 =$

🐾 ☐ 안에 알맞은 수를 써넣으세요.

❸ $4 \times \boxed{} = 28$

④ $\boxed{} \times 9 = 54$

🐾 곱셈을 하세요.

❺
$$\begin{array}{r} 1\,7 \\ \times \quad 3 \\ \hline \end{array}$$

⑥
$$\begin{array}{r} 5\,1 \\ \times \quad 8 \\ \hline \end{array}$$

❼
$$\begin{array}{r} 2\,8 \\ \times \quad 6 \\ \hline \end{array}$$

⑧
$$\begin{array}{r} 4\,5 \\ \times \quad 9 \\ \hline \end{array}$$

❾
$$\begin{array}{r} 1\,8\,2 \\ \times \quad\ 3 \\ \hline \end{array}$$

⑩
$$\begin{array}{r} 3\,1\,5 \\ \times \quad\ 7 \\ \hline \end{array}$$

약검을 찾은 후
공부 계획을 세우는 거야~.

바빠

🐾 곱셈을 하세요.

⑪
```
  6 7 8
×     2
```

⑫
```
  8 7 2
×     7
```

⑬
```
    1 5
×   4 2
```

⑭
```
    4 9
×   8 2
```

⑮
```
    5 3
×   7 6
```

⑯
```
    3 4
×   9 3
```

⑰
```
  3 2 6
×   1 7
```

⑱
```
  1 5 4
×   2 9
```

⑲
```
  2 4 8
×   8 5
```

⑳
```
  8 6 9
×   9 4
```

나만의 공부 계획을 세워 보자

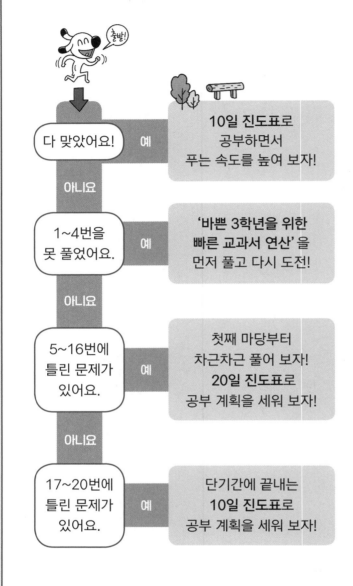

다 맞았어요! — 예 → 10일 진도표로 공부하면서 푸는 속도를 높여 보자!

아니요

1~4번을 못 풀었어요. — 예 → '바쁜 3학년을 위한 빠른 교과서 연산'을 먼저 풀고 다시 도전!

아니요

5~16번에 틀린 문제가 있어요. — 예 → 첫째 마당부터 차근차근 풀어 보자! 20일 진도표로 공부 계획을 세워 보자!

아니요

17~20번에 틀린 문제가 있어요. — 예 → 단기간에 끝내는 10일 진도표로 공부 계획을 세워 보자!

권장 진도표

★	20일 진도	10일 진도
1일	01 ~ 02	01 ~ 04
2일	03 ~ 04	05 ~ 07
3일	05 ~ 06	08 ~ 09
4일	07 ~ 08	10 ~ 12
5일	09	13 ~ 14
6일	10	15 ~ 17
7일	11	18 ~ 19
8일	12	20 ~ 21
9일	13	22 ~ 23
10일	14	24
11일	15	
12일	16	
13일	17	
14일	18	
15일	19	
16일	20	
17일	21	
18일	22	
19일	23	
20일	24	

야호! 총정리 끝!

진단 평가 정답

❶ 27 　② 56 　❸ 7 　④ 6 　❺ 51 　⑥ 408

❼ 168 　⑧ 405 　❾ 546 　⑩ 2205 　⑪ 1356 　⑫ 6104

⑬ 630 　⑭ 4018 　⑮ 4028 　⑯ 3162 　⑰ 5542 　⑱ 4466

⑲ 21080 　⑳ 81686

첫째 마당

곱셈구구를 완벽하게

곱셈구구는 2학년 때 배웠죠? 본격적인 곱셈에 들어가기 전에 곱셈구구부터 다시 한번 정리해 봐요. '구구단을 외자!'라는 놀이도 있듯이 곱셈구구는 무조건 외워 둬야 해요. 곱셈구구를 완벽하게 외워야 두 자리 수 이상의 곱셈도 쉽게 할 수 있으니까요!

공부할 내용!	완료	10일 진도	20일 진도
01 곱셈구구를 빠르고 정확하게~	✔		1일차
02 규칙이 숨어 있는 곱셈구구표	☐	1일차	
03 곱셈구구 실력을 한 단계 더 높이자!	☐		2일차
04 곱셈구구를 완벽하게 종합 문제	☐		

곱셈구구를 빠르고 정확하게~

☆ 곱셈구구

| 느린 덧셈 | 빠른 곱셈구구 |

$2 + 2 + 2 + 2 + 2 + 2 = \boxed{12}$
6번 더하기

$3 + 3 + 3 + 3 = \boxed{12}$
4번 더하기

$4 + 4 + 4 + 4 + 4 + 4 + 4 = \boxed{28}$
7번 더하기

$5 + 5 + 5 + 5 = \boxed{20}$

$6 + 6 + 6 + 6 + 6 + 6 + 6 = \boxed{42}$

$7 + 7 + 7 + 7 + 7 = \boxed{35}$

$8 + 8 + 8 = \boxed{24}$

$9 + 9 + 9 + 9 + 9 + 9 = \boxed{54}$

$2 \times 6 = {}^1\boxed{}$

$3 \times 4 = {}^2\boxed{}$

$4 \times 7 = {}^3\boxed{}$

$5 \times 4 = {}^4\boxed{}$

$6 \times 7 = {}^5\boxed{}$

$7 \times 5 = {}^6\boxed{}$

$8 \times 3 = {}^7\boxed{}$

$9 \times 6 = {}^8\boxed{}$

덧셈으로만 하면 너무 느린 것 같아!

곱셈으로 하면 정말 빠르다구!

입에서 답이 바로바로 나오도록 곱셈구구를 외워야 해요.
그래야 두 자리 수, 세 자리 수 곱셈을 할 때도 실수 없이 빠르게 계산할 수 있어요.

🐾 곱셈을 하세요.

❶ $2 \times 5 =$ 　　　❷ $3 \times 2 =$ 　　　❸ $4 \times 3 =$

❹ $5 \times 6 =$ 　　　❺ $7 \times 9 =$ 　　　❻ $6 \times 4 =$

❼ $8 \times 6 =$ 　　　❽ $6 \times 8 =$ 　　　❾ $2 \times 6 =$

❿ $4 \times 8 =$ 　　　⓫ $9 \times 2 =$ 　　　⓬ $8 \times 2 =$

⓭ $3 \times 7 =$ 　　　⓮ $7 \times 3 =$ 　　　⓯ $4 \times 9 =$

⓰ $6 \times 3 =$ 　　　⓱ $9 \times 6 =$ 　　　⓲ $8 \times 4 =$

⓳ $9 \times 7 =$ 　　　⓴ $7 \times 5 =$ 　　　㉑ $5 \times 8 =$

2의 단은
짝수로
기억하면 돼요.

5의 단은
시계 분침을
생각하면 쉬워요.
5분, 10분, 15분……

2×10은 2+2+2+2+2+2+2+2+2+2=20과 같죠?
어떤 수에 10을 곱하면 어떤 수 뒤에 0을 하나 붙인 수가 돼요!

🐾 곱셈을 하세요.

어떤 수에 0을 곱하면
항상 0이에요.
모두 다 사라져 버려요~.

① $4 \times 10 =$　　② $8 \times 0 =$

③ $6 \times 2 =$　　④ $5 \times 10 =$　　⑤ $7 \times 4 =$

⑥ $4 \times 6 =$　　⑦ $8 \times 9 =$　　⑧ $5 \times 7 =$

⑨ $6 \times 8 =$　　⑩ $9 \times 8 =$　　⑪ $4 \times 5 =$

⑫ $9 \times 4 =$　　⑬ $7 \times 0 =$　　⑭ $6 \times 9 =$

⑮ $8 \times 7 =$　　⑯ $7 \times 6 =$　　⑰ $9 \times 5 =$

⑱ $6 \times 7 =$　　⑲ $9 \times 9 =$　　⑳ $7 \times 10 =$

㉑ $8 \times 8 =$　　㉒ $8 \times 10 =$　　㉓ $9 \times 7 =$

🐾 다음 문장을 읽고 문제를 풀어 보세요.

❶ 풍선이 2개씩 묶여 있습니다. 3묶음의 풍선은 모두 몇 개
일까요?

■씩 ▲묶음
➡ ■ × ▲

_____

❷ 바나나가 한 송이에 5개씩 있습니다. 9송이에는 바나나가
모두 몇 개 있을까요?

_____

❸ 케이크 위에 딸기가 6개씩 놓여 있습니다. 케이크 4개에
는 딸기가 모두 몇 개 있을까요?

_____

❹ 승합차 한 대에는 9명이 탈 수 있습니다. 승합차 7대에는
모두 몇 명이 탈 수 있을까요?

_____

❺ 문어 7마리의 다리는 모두 몇 개일까요?

_____

 속닥속닥

❺ 문어 한 마리의 다리는 8개예요.

02 규칙이 숨어 있는 곱셈구구표

☆ 곱셈구구의 규칙

▲의 단 곱셈구구 규칙은 ▲씩 커집니다.

음~ 어떤 규칙이지?

2	4	6	8	10	12	14	16	18
+2								
3	6	9	12	15	18	21	24	27
+3								
4	8	12	16	20	24	28	32	36
+4								
5	10	15	20	25	30	35	40	45
+5								
6	12	18	24	30	36	42	48	54
+6								
7	14	21	28	35	42	49	56	1️⃣
+7								
8	16	24	32	40	48	2️⃣	64	72
+8								
9	18	27	36	45	3️⃣	63	72	81
+9								

8의 단 곱셈구구는 8씩 커져요.

1.63 2.56 3.54

4의 단은 2의 단의 짝수 번째 곱에서,
8의 단은 4의 단의 짝수 번째 곱에서 찾을 수 있어요.

🐾 **빈칸에 알맞은 수를 써넣으세요.**

> 2의 단 곱에서 4의 단 곱을
> 찾아 ○표 해 봐요.

❶

×	1	2	3	4	5	6	7	8	9
2 →	2	4	6						
4	4								
8	8								

> 4의 단 곱에서 8의 단 곱을
> 찾아 △표 해 봐요.

> 3의 단 곱에서 6의 단 곱을
> 찾아 ○표, 9의 단 곱을
> 찾아 △표 해 봐요.

❷

×	1	2	3	4	5	6	7	8	9
3	3	6	9	12					
6	6								
9	9								

> 6의 단은 3의 단의 짝수 번째 곱이에요.
> 9의 단은 3의 단의 세 번째마다 나와요.
> 3, 6, 9̂ / 12, 15, △18̂ / …….

곱셈구구표를 완성하고 ☐ 안에 알맞은 수를 써넣으세요.

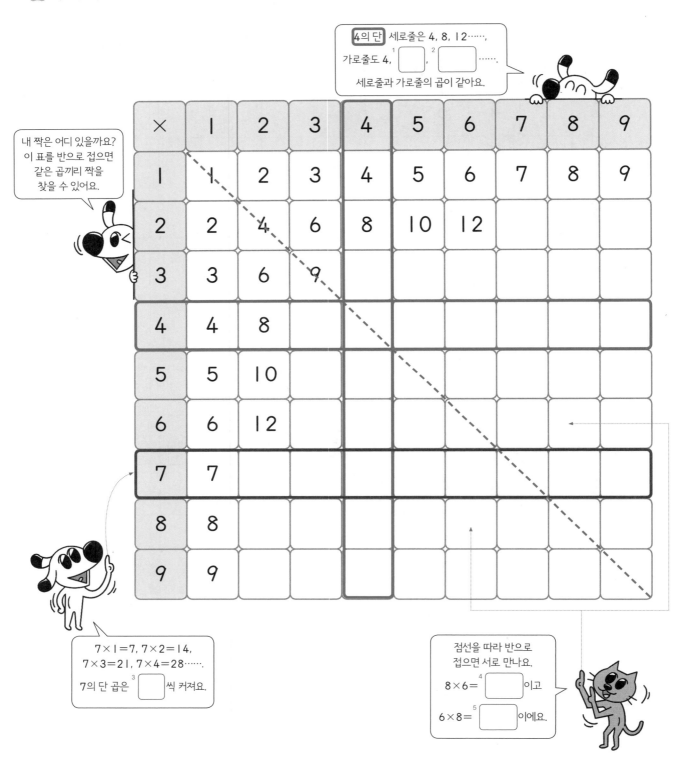

4의 단 세로줄은 4, 8, 12……, 가로줄도 4, [1]☐ , [2]☐ ……. 세로줄과 가로줄의 곱이 같아요.

내 짝은 어디 있을까요? 이 표를 반으로 접으면 같은 곱끼리 짝을 찾을 수 있어요.

×	1	2	3	4	5	6	7	8	9
1	1	2	3	4	5	6	7	8	9
2	2	4	6	8	10	12			
3	3	6	9						
4	4	8							
5	5	10							
6	6	12							
7	7								
8	8								
9	9								

7×1=7, 7×2=14, 7×3=21, 7×4=28……. 7의 단 곱은 [3]☐ 씩 커져요.

점선을 따라 반으로 접으면 서로 만나요. 8×6=[4]☐ 이고 6×8=[5]☐ 이에요.

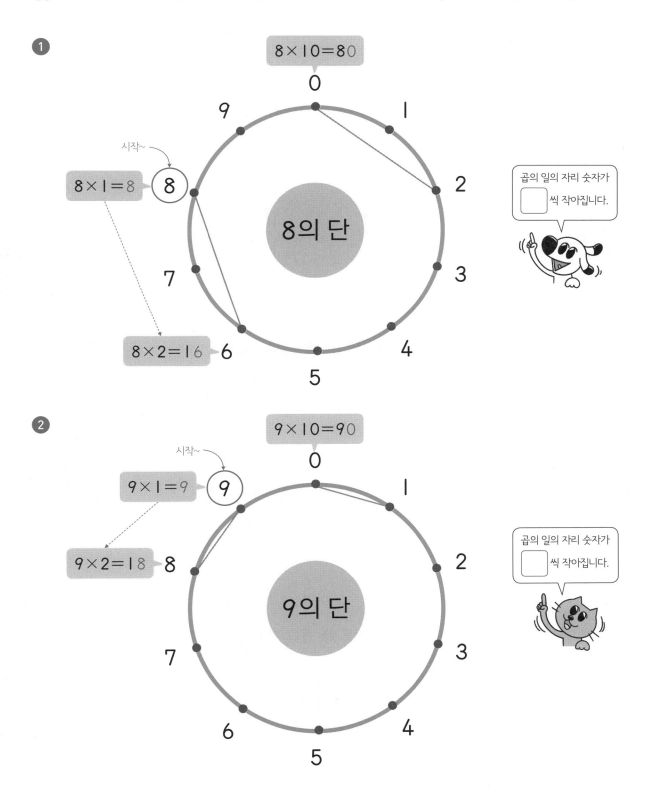

쉬운 응용 문제로 기초 사고력을 키워 봐요!

🐾 곱의 일의 자리 숫자에 해당하는 점을 선으로 잇고, 규칙을 알아보세요.

❶

8×10=80

시작~

8×1=8

8의 단

8×2=16

곱의 일의 자리 숫자가 ☐ 씩 작아집니다.

❷

9×10=90

시작~

9×1=9

9×2=18

9의 단

곱의 일의 자리 숫자가 ☐ 씩 작아집니다.

03 곱셈구구 실력을 한 단계 더 높이자!

☆ 곱셈구구에서 곱해지는 수 또는 곱하는 수 구하기

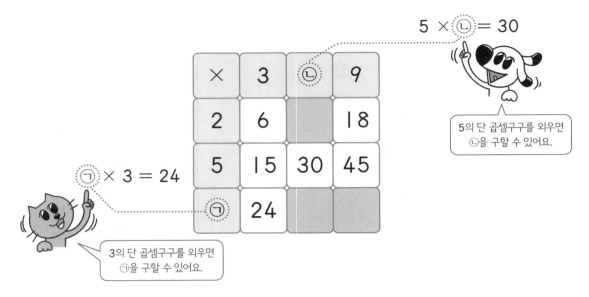

$5 \times ㉡ = 30$

5의 단 곱셈구구를 외우면 ㉡을 구할 수 있어요.

$㉠ \times 3 = 24$

3의 단 곱셈구구를 외우면 ㉠을 구할 수 있어요.

×	3	㉡	9
2	6		18
5	15	30	45
㉠	24		

• $㉠ \times 3 = 24$에서 ㉠ 구하기

  ❶ 3의 단에서 곱이 24인 경우를 구하면 $3 \times 8 = 24$입니다.

  ❷ $8 \times 3 = 24$이므로 $㉠ \times 3 = 24$에서 $㉠ =^1 \boxed{}$ 입니다.

  ㉠×3은 3×㉠과 같아요.

• $5 \times ㉡ = 30$에서 ㉡ 구하기

  ❶ 5의 단에서 곱이 30인 경우를 구하면 $5 \times 6 = 30$입니다.

  ❷ $5 \times 6 = 30$이므로 $5 \times ㉡ = 30$에서 $㉡ =^2 \boxed{}$ 입니다.

  5×㉡은 ㉡×5와 같아요.

바빠 꿀팁!

• 곱셈에서는 곱하는 두 수의 순서를 바꾸어도 그 곱은 항상 같아요.

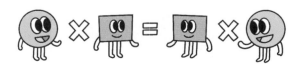

 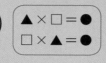

곱하는 두 수의 순서를 바꾸어도 곱의 결과는 같으니까
구하는 수 □가 앞에 있거나 뒤에 있어도
▲의 단 곱셈구구를 외우면 돼요.

🐾 □ 안에 알맞은 수를 써넣으세요.

❶ 3 × □ = 9

❷ 2 × □ = 16

❸ 4 × □ = 24

❹ 8 × □ = 32

❺ 5 × □ = 45

❻ 6 × □ = 12

❼ 7 × □ = 56

❽ 9 × □ = 63

❾ 9 × □ = 72

❿ 6 × □ = 36

⓫ □ × 2 = 14

⓬ □ × 3 = 18

⓭ □ × 7 = 56

⓮ □ × 6 = 54

⓯ □ × 5 = 40

⓰ □ × 4 = 28

⓱ □ × 3 = 27

⓲ □ × 7 = 49

⓳ □ × 8 = 48

⓴ □ × 9 = 81

곱하는 수나 곱해지는 수의 빈칸 채우기를 잘하면 나눗셈도 잘하게 될 거예요.
곱셈구구도 확인하고, 나눗셈도 살짝 만나 봐요!

🐾 빈칸에 알맞은 수를 써넣으세요.

1 5 × ☐ → 25

2 6 × ☐ → 48

3 9 × ☐ → 27

4 4 × ☐ → 36

5 8 × ☐ → 56

6 7 × ☐ → 42

7 ☐ × 2 → 12

8 ☐ × 8 → 72

9 ☐ × 3 → 24

곱이 12인 2의 단
곱셈구구를 떠올려요.

10 ☐ × 7 → 35

11 ☐ × 6 → 54

12 ☐ × 9 → 81

쉬운 응용 문제로 기초 사고력을 키워 봐요!

🐾 □ 안에 알맞은 수를 써넣으세요.

1

×	3	6	9
□			36
□	27		
□		42	

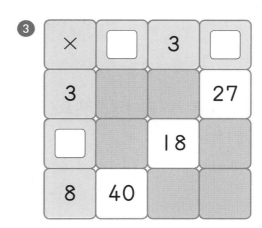

□×9=36 ➡ 9×□=36
□×3=27 ➡ 3×□=27
□×6=42 ➡ 6×□=42

2

×	□	□	□
2		16	
5			25
8	32		

3

×	□	3	□
3			27
□		18	
8	40		

4

×	□	□	7
4	24		
2		18	
□			63

5

×	5	□	3
□	20		
7		63	
□			24

🐾 곱셈을 하세요.

① $2 \times 6 =$ ② $3 \times 5 =$ ③ $7 \times 4 =$

④ $4 \times 0 =$ ⑤ $6 \times 7 =$ ⑥ $4 \times 9 =$

⑦ $5 \times 3 =$ ⑧ $8 \times 5 =$ ⑨ $6 \times 9 =$

⑩ $8 \times 6 =$ ⑪ $6 \times 10 =$ ⑫ $9 \times 7 =$

🐾 ☐ 안에 알맞은 수를 써넣으세요.

⑬ $3 \times \boxed{} = 21$ ⑭ $2 \times \boxed{} = 18$

⑮ $\boxed{} \times 4 = 12$ ⑯ $7 \times \boxed{} = 42$

⑰ $\boxed{} \times 5 = 40$ ⑱ $\boxed{} \times 8 = 56$

⑲ $6 \times \boxed{} = 54$ ⑳ $\boxed{} \times 9 = 72$

🐾 빈칸에 알맞은 수를 써넣으세요.

①

×	3	6	7
2			
5			

②

×	2	5	8
3			
7			

③

×	6	2	9
4			
9			

④

×	4	3	7
6			
8			

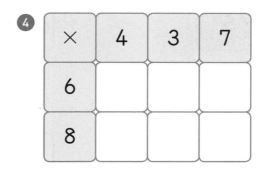

⑤ 4 ×□ → 24   **⑥** 5 ×□ → 45   **⑦** 8 ×□ → 64

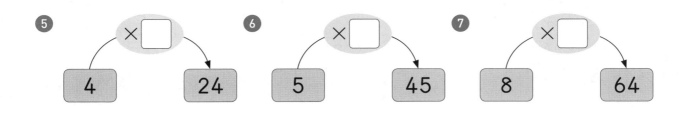

⑧ □ ×3 → 27   **⑨** □ ×6 → 42   **⑩** □ ×7 → 56

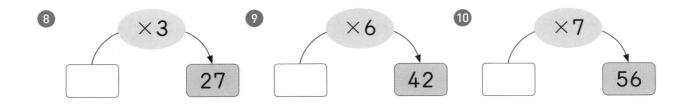

🐾 계산 결과가 같은 것끼리 선으로 이어 보세요.

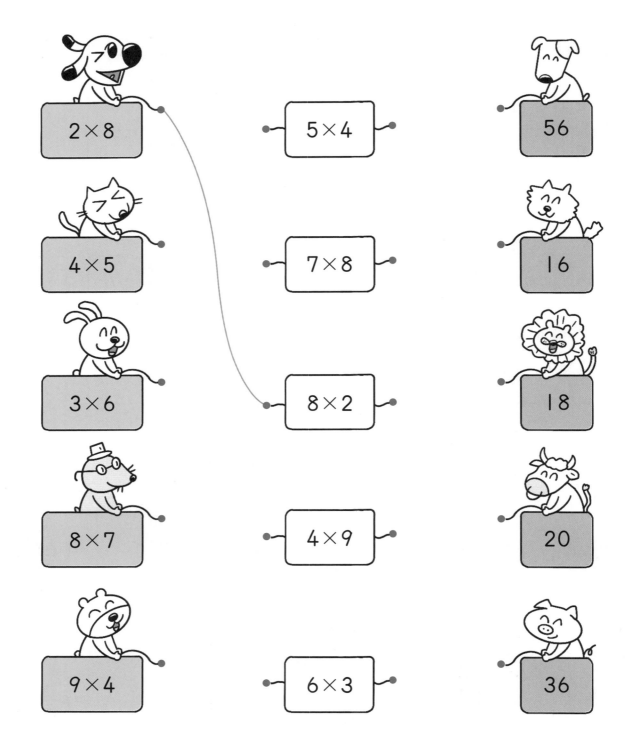

빠독이와 쁘냥이가 터뜨리려는 풍선을 모두 찾아 ×표 하세요.

왜 '이일단'이 아니라 '구구단'일까요?

옛날에 중국과 우리나라에서는 구구단을 입으로 외울 때, 9의 단의 맨 끝인 '9×9=81(구 구 팔십일)'부터 '2×1=2(이 일 은 이)'까지 외웠어요. 그런데 왜 하필 어려운 9의 단부터 외웠을까요?

옛날에는 구구단을 어린이가 아닌 어른이 배웠고, 그중에서도 귀족이나 왕실처럼 높은 계급 사람들만 배울 수 있었어요. 그 당시 계급이 높았던 사람들은 구구단의 편리함을 대중에게 널리 알려서는 안 된다고 생각했어요. 그래서 쉽게 익힐 수 있었던 구구단을 일부러 어렵게 느끼도록 '구 구 팔십일'부터 거꾸로 외웠다고 해요.
그래서 '구구단'이라는 이름이 붙여졌답니다. 지금 우리나라 교과서에서는 구구단을 '곱셈구구'라고 불러요.

구구단을 거꾸로 외우면?

9×9=81, 9×8=72, 9×7=63…….
이 정도야 나한텐 쉽지~.

둘째 마당

(두 자리 수)×(한 자리 수)

이제 본격적인 곱셈의 세계로 들어가 볼까요? 기초 체력이 튼튼해야 운동을 잘하는 것처럼 (두 자리 수)×(한 자리 수) 계산을 잘해야 큰 수의 곱셈 계산도 잘할 수 있어요. 올림한 수를 윗자리 계산에 꼭 더하는 습관을 들이며 풀어 보세요.

	공부할 내용!	완료	10일 진도	20일 진도
05	간단한 곱셈은 암산으로 빠르게~	☐	2일차	3일차
06	십의 자리에서 올림한 수는 백의 자리에 써	☐		
07	올림한 수는 윗자리 계산에 꼭 더해!	☐	3일차	4일차
08	주의! 올림이 2번 있는 (두 자리 수)×(한 자리 수)	☐		
09	(두 자리 수)×(한 자리 수) 종합 문제	☐		5일차

간단한 곱셈은 암산으로 빠르게~

✿ (몇십)×(몇)

(몇)×(몇)을 계산한 값에 0을 ¹☐ 개 붙입니다.

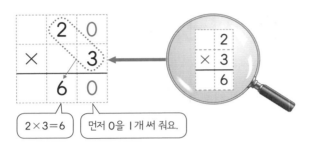

2×3=6   먼저 0을 1개 써 줘요.

3×2를 계산한 값에
0 하나만 더 붙이면 돼요!

3×2=6   30×2=60

✿ 올림이 없는 (두 자리 수)×(한 자리 수)

일의 자리, ²☐ 의 자리 순서로 계산합니다.

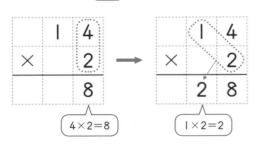

4×2=8   1×2=2

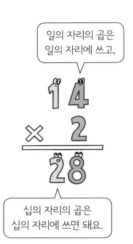

일의 자리의 곱은
일의 자리에 쓰고,

십의 자리의 곱은
십의 자리에 쓰면 돼요.

바빠 꿀팁!

• 가로셈을 계산하는 방법

방법 1 단계적으로 덧셈하기

$13 \times 2 = 26$

$10 \times 2 = 20$
$3 \times 2 = 6$

방법 2 세로로 바꾸어 계산하기

$1 \ 3 \times 2 = 26$

가로셈은 세로셈으로
바꾸어 계산하면
편리해요.

(몇십)×(몇)의 계산은 곱셈구구를 외우는 것과 같아요.
(몇)×(몇)을 곱셈구구로 암산하고 뒤에 0을 붙이면 돼요.

🐾 곱셈을 하세요.

① 　 2 0
　 × 　 2

② 　 3 0
　 × 　 2

먼저 0부터 쓰고
계산하면 쉬워요.

③ 　 2 0
　 × 　 4

④ 　 3 0
　 × 　 3

⑤ 　 2 1
　 × 　 2

⑥ 　 1 1
　 × 　 5

⑦ 　 1 2
　 × 　 4

⑧ 　 1 3
　 × 　 3

⑨ 　 2 3
　 × 　 2

⑩ 　 2 2
　 × 　 4

⑪ 　 4 1
　 × 　 2

🐾 곱셈을 하세요.

①
$$\begin{array}{r} 1\ 1 \\ \times\quad 7 \\ \hline \end{array}$$

②
$$\begin{array}{r} 2\ 2 \\ \times\quad 3 \\ \hline \end{array}$$

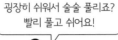
굉장히 쉬워서 술술 풀리죠?
빨리 풀고 쉬어요!

③
$$\begin{array}{r} 1\ 1 \\ \times\quad 9 \\ \hline \end{array}$$

④
$$\begin{array}{r} 3\ 1 \\ \times\quad 3 \\ \hline \end{array}$$

⑤
$$\begin{array}{r} 3\ 2 \\ \times\quad 2 \\ \hline \end{array}$$

⑥
$$\begin{array}{r} 3\ 2 \\ \times\quad 3 \\ \hline \end{array}$$

⑦
$$\begin{array}{r} 3\ 3 \\ \times\quad 3 \\ \hline \end{array}$$

⑧
$$\begin{array}{r} 3\ 1 \\ \times\quad 2 \\ \hline \end{array}$$

⑨
$$\begin{array}{r} 4\ 2 \\ \times\quad 2 \\ \hline \end{array}$$

⑩
$$\begin{array}{r} 4\ 3 \\ \times\quad 2 \\ \hline \end{array}$$

⑪
$$\begin{array}{r} 4\ 4 \\ \times\quad 2 \\ \hline \end{array}$$

쉬운 응용 문제로 기초 사고력을 키워 봐요!

🐾 왼쪽 곱셈의 규칙을 찾아 오른쪽 곱셈을 하세요.

①

| 2 × 1 = 2 |
| 2 × 2 = 4 |
| 2 × 3 = 6 |
| 2 × 4 = 8 |
| 2 × 5 = 10 |
| 2 × 6 = 12 |
| 2 × 7 = 14 |
| 2 × 8 = 16 |
| 2 × 9 = 18 |
| 2 × 10 = 20 |

2 × 11 = ☐☐   +2
2 × 12 = ☐☐   +2
2 × 13 = ☐☐   +2
2 × 14 = ☐☐   +2
2 × 15 = 3☐   +2
2 × 16 = 3☐   +2
2 × 17 = 3☐   +2
2 × 18 = 3☐   +2
2 × 19 = 3☐   +2
2 × 20 = 4☐   +2

왼쪽 곱셈과 곱의 일의 자리 규칙이 같네요!

규칙 곱이 ☐씩 커지고, 곱의 일의 자리가 2, 4, 6, 8, 0을 반복합니다.

②

| 3 × 1 = 3 |
| 3 × 2 = 6 |
| 3 × 3 = 9 |
| 3 × 4 = 12 |
| 3 × 5 = 15 |
| 3 × 6 = 18 |
| 3 × 7 = 21 |
| 3 × 8 = 24 |
| 3 × 9 = 27 |
| 3 × 10 = 30 |

3 × 11 = ☐☐   +3
3 × 12 = ☐☐   +3
3 × 13 = ☐☐   +3
3 × 14 = 4☐   +3
3 × 15 = 4☐   +3
3 × 16 = 4☐   +3
3 × 17 = 5☐   +3
3 × 18 = 5☐   +3
3 × 19 = 5☐   +3
3 × 20 = 6☐   +3

3×11은 11×3으로 계산해 봐요.

규칙 곱이 ☐씩 커집니다.

십의 자리에서 올림한 수는 백의 자리에 써

✿ 십의 자리에서 올림이 있는 (두 자리 수)×(한 자리 수)

십의 자리 계산의 곱이 100이거나 100보다 크면 ¹[백]의 자리로 올림합니다.

		3	2
	×		4
			8
	1	2	0
	1	2	8

··· ❶ 일의 자리 계산 2×4=8

··· ❷ 십의 자리 계산 30×4=120

··· ❸ ❶+❷   8+120=²[   ]

• 32×4 한 번에 계산하기

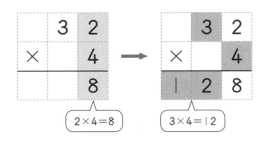

2×4=8   3×4=12

십의 자리에서 올림한 수는 백의 자리에 바로 써요.

백	십	일

앗! 실수

• 십의 자리 계산의 곱을 쓸 때 위치에 주의해요.

42×3의 십의 자리 계산은 4×3=12가 아니라 40×3=120이에요.

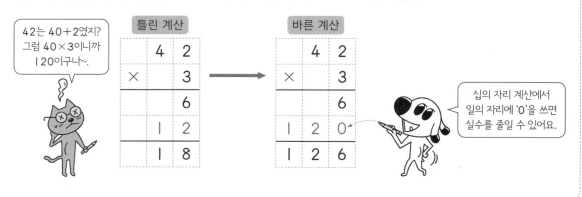

42는 40+2였지? 그럼 40×3이니까 120이구나~.

십의 자리 계산에서 일의 자리에 '0'을 쓰면 실수를 줄일 수 있어요.

틀린 계산	바른 계산

	4	1
×		5
	2	5

→

	4	1
×		5
2	0	5

십의 자리의 곱을 쓸 때 위치에 주의해요.
4×5=20을 계산한 것과 같지만 십의 자리의
계산은 실제로 40×5=200이에요.

🐾 곱셈을 하세요.

①
$$\begin{array}{r} 2\ 1 \\ \times\quad 5 \\ \hline \end{array}$$

②
$$\begin{array}{r} 5\ 1 \\ \times\quad 4 \\ \hline \end{array}$$

$$\begin{array}{r} 5\ 1 \\ \times\quad 4 \\ \hline 2\ 0\ 4 \end{array}$$

5×4=20을 계산한 것과 같지만
실제로는 50×4=200을 나타내요.

③
$$\begin{array}{r} 8\ 1 \\ \times\quad 9 \\ \hline \end{array}$$

④
$$\begin{array}{r} 7\ 3 \\ \times\quad 2 \\ \hline \end{array}$$

⑤
$$\begin{array}{r} 6\ 1 \\ \times\quad 6 \\ \hline \end{array}$$

⑥
$$\begin{array}{r} 5\ 2 \\ \times\quad 3 \\ \hline \end{array}$$

⑦
$$\begin{array}{r} 2\ 1 \\ \times\quad 7 \\ \hline \end{array}$$

⑧
$$\begin{array}{r} 8\ 2 \\ \times\quad 4 \\ \hline \end{array}$$

⑨
$$\begin{array}{r} 6\ 3 \\ \times\quad 3 \\ \hline \end{array}$$

⑩
$$\begin{array}{r} 9\ 2 \\ \times\quad 4 \\ \hline \end{array}$$

⑪
$$\begin{array}{r} 7\ 1 \\ \times\quad 5 \\ \hline \end{array}$$

	4	2
×		3
1	2	6

십의 자리에서 올림한 수는 백의 자리 계산이 없으니까
따로 위에 써 주지 않아도 돼요. 올림한 수를 백의 자리에 바로 써요.

🐾 곱셈을 하세요.

①
$$\begin{array}{r} 41 \\ \times\ \ 8 \\ \hline \end{array}$$

②
$$\begin{array}{r} 21 \\ \times\ \ 6 \\ \hline \end{array}$$

일의 자리부터
곱하고 있죠?

③
$$\begin{array}{r} 72 \\ \times\ \ 4 \\ \hline \end{array}$$

④
$$\begin{array}{r} 61 \\ \times\ \ 8 \\ \hline \end{array}$$

⑤
$$\begin{array}{r} 91 \\ \times\ \ 7 \\ \hline \end{array}$$

⑥
$$\begin{array}{r} 31 \\ \times\ \ 9 \\ \hline \end{array}$$

⑦
$$\begin{array}{r} 81 \\ \times\ \ 5 \\ \hline \end{array}$$

⑧
$$\begin{array}{r} 42 \\ \times\ \ 4 \\ \hline \end{array}$$

⑨
$$\begin{array}{r} 51 \\ \times\ \ 6 \\ \hline \end{array}$$

⑩
$$\begin{array}{r} 91 \\ \times\ \ 9 \\ \hline \end{array}$$

⑪
$$\begin{array}{r} 71 \\ \times\ \ 8 \\ \hline \end{array}$$

🐾 곱셈을 하세요.

잘하고 있어요!
올림이 있는 곱셈 중
가장 쉬운 거예요.

①
```
   3 1
×    6
```

②
```
   7 1
×    9
```

③
```
   6 2
×    4
```

④
```
   5 2
×    4
```

⑤
```
   4 1
×    7
```

⑥
```
   2 1
×    9
```

⑦
```
   8 1
×    6
```

⑧
```
   6 1
×    5
```

⑨
```
   8 1
×    8
```

⑩
```
   4 1
×    9
```

⑪
```
   7 2
×    3
```

⑫
```
   9 3
×    3
```

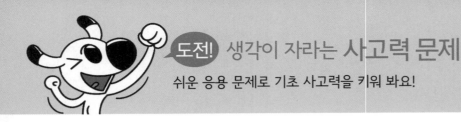
🐾 왼쪽 곱셈의 규칙을 찾아 오른쪽 곱셈을 하세요.

1

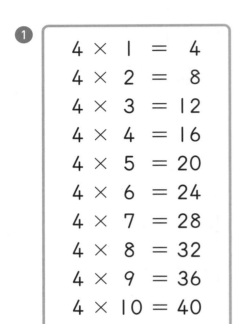

4 × 1	=	4
4 × 2	=	8
4 × 3	=	12
4 × 4	=	16
4 × 5	=	20
4 × 6	=	24
4 × 7	=	28
4 × 8	=	32
4 × 9	=	36
4 × 10	=	40

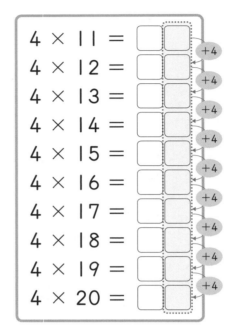

4 × 11 = □□ +4
4 × 12 = □□ +4
4 × 13 = □□ +4
4 × 14 = □□ +4
4 × 15 = □□ +4
4 × 16 = □□ +4
4 × 17 = □□ +4
4 × 18 = □□ +4
4 × 19 = □□ +4
4 × 20 = □□ +4

4×11은 11×4로 계산해 봐요.

규칙 곱이 □씩 커지고, 곱의 일의 자리가 4, □, □, 6, 0을 반복합니다.

2

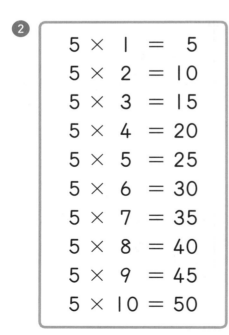

5 × 1	=	5
5 × 2	=	10
5 × 3	=	15
5 × 4	=	20
5 × 5	=	25
5 × 6	=	30
5 × 7	=	35
5 × 8	=	40
5 × 9	=	45
5 × 10	=	50

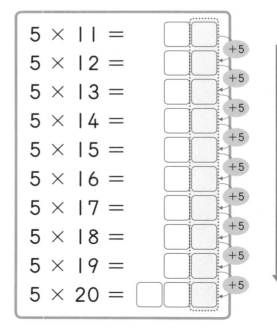

5 × 11 = □□ +5
5 × 12 = □□ +5
5 × 13 = □□ +5
5 × 14 = □□ +5
5 × 15 = □□ +5
5 × 16 = □□ +5
5 × 17 = □□ +5
5 × 18 = □□ +5
5 × 19 = □□ +5
5 × 20 = □□ +5

5의 곱은 외워 두면 편리해요.

규칙 곱이 □씩 커지고, 곱의 일의 자리가 □, □을 반복합니다.

올림한 수는 윗자리 계산에 꼭 더해!

☆ 일의 자리에서 올림이 있는 (두 자리 수)×(한 자리 수)

일의 자리 계산의 곱이 10이거나 10보다 크면 ^{1} 십 의 자리로 올림합니다.

	1	7
×		4
	2	8
	4	0
	6	8

… ❶ 일의 자리 계산   7 ×4=28

… ❷ 십의 자리 계산   1 0×4=^{2} ☐

… ❸ ❶+❷   28+40=68

• 17×4 한 번에 계산하기

2 → 올림한 수

	1	7
×		4
		8

→

2	
	1	7
×		4
	6	8

7×4=28

1×4=4,
4+2=6

일의 자리에서
올림한 수를
위에 작게 써요!

앗! 실수

• 일의 자리에서 올림한 수를 잊지 말고 꼭 더해요.

일의 자리에서 올림한 수는 십의 자리 계산에서 잊지 말고 반드시 더해 줘야 해요.

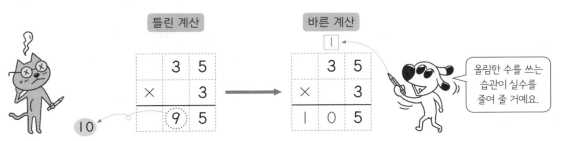

틀린 계산

	3	5
×		3
	9	5

10

→

바른 계산

1

	3	5
×		3
1	0	5

올림한 수를 쓰는
습관이 실수를
줄여 줄 거예요.

🐾 곱셈을 하세요.

올림한 수는
윗자리 계산에
꼭 더해요.

$$\begin{array}{r} 14 \\ \times\ \ 3 \\ \hline 42 \end{array}$$

1
$$\begin{array}{r} 1\ 9 \\ \times\ \ \ 2 \\ \hline \end{array}$$

2
$$\begin{array}{r} 1\ 4 \\ \times\ \ \ 3 \\ \hline \end{array}$$

3
$$\begin{array}{r} 1\ 2 \\ \times\ \ \ 7 \\ \hline \end{array}$$

4
$$\begin{array}{r} 1\ 7 \\ \times\ \ \ 4 \\ \hline \end{array}$$

5
$$\begin{array}{r} 1\ 8 \\ \times\ \ \ 3 \\ \hline \end{array}$$

6
$$\begin{array}{r} 1\ 6 \\ \times\ \ \ 5 \\ \hline \end{array}$$

7
$$\begin{array}{r} 2\ 8 \\ \times\ \ \ 2 \\ \hline \end{array}$$

8
$$\begin{array}{r} 2\ 5 \\ \times\ \ \ 3 \\ \hline \end{array}$$

9
$$\begin{array}{r} 3\ 7 \\ \times\ \ \ 2 \\ \hline \end{array}$$

10
$$\begin{array}{r} 1\ 4 \\ \times\ \ \ 6 \\ \hline \end{array}$$

11
$$\begin{array}{r} 4\ 5 \\ \times\ \ \ 2 \\ \hline \end{array}$$

올림한 수는 십의 자리 위에 작게 쓰고,
계산 결과를 자리에 맞추어 정확하게 쓰도록 연습해요.

🐾 곱셈을 하세요.

①
```
    1 2
×     6
```

②
```
    2 9
×     2
```

③
```
    1 5
×     5
```

④
```
    1 4
×     4
```

⑤
```
    1 3
×     7
```

⑥
```
    1 7
×     2
```

⑦
```
    1 6
×     6
```

⑧
```
    2 6
×     3
```

⑨
```
    3 5
×     2
```

⑩
```
    1 8
×     4
```

⑪
```
    1 9
×     5
```

⑫
```
    4 6
×     2
```

(두 자리 수)×(한 자리 수)　47

🐾 곱셈을 하세요.

①   1 2
   ×   8

②   1 3
   ×   6

③   1 4
   ×   5

④   1 8
   ×   5

⑤   1 6
   ×   4

⑥   1 7
   ×   5

⑦   2 7
   ×   2

⑧   1 5
   ×   3

⑨   2 8
   ×   3

⑩   2 3
   ×   4

⑪   3 9
   ×   2

올림한 수를 더할 때에는 암산을 해서 계산 속도를 높여 봐요!

쉬운 응용 문제로 기초 사고력을 키워 봐요!

🐾 왼쪽 곱셈의 규칙을 찾아 오른쪽 곱셈을 하세요.

1

6 × 1	=	6
6 × 2	=	12
6 × 3	=	18
6 × 4	=	24
6 × 5	=	30
6 × 6	=	36
6 × 7	=	42
6 × 8	=	48
6 × 9	=	54
6 × 10	=	60

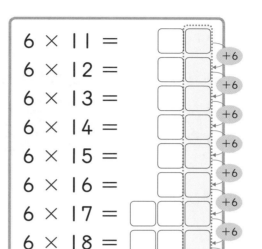

6 × 11 =
6 × 12 =
6 × 13 =
6 × 14 =
6 × 15 =
6 × 16 =
6 × 17 =
6 × 18 =
6 × 19 =
6 × 20 =

왼쪽 곱셈과 곱의 일의 자리 규칙이 같네요!

규칙 곱이 ☐씩 커지고, 곱의 일의 자리가 6, ☐, ☐, 4, 0을 반복합니다.

2

7 × 1	=	7
7 × 2	=	14
7 × 3	=	21
7 × 4	=	28
7 × 5	=	35
7 × 6	=	42
7 × 7	=	49
7 × 8	=	56
7 × 9	=	63
7 × 10	=	70

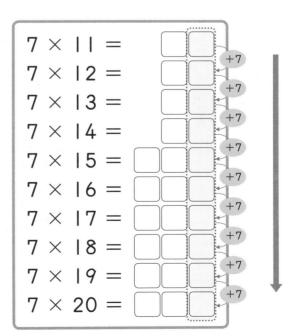

7 × 11 =
7 × 12 =
7 × 13 =
7 × 14 =
7 × 15 =
7 × 16 =
7 × 17 =
7 × 18 =
7 × 19 =
7 × 20 =

규칙 곱이 ☐씩 커집니다.

☆ 올림이 2번 있는 (두 자리 수)×(한 자리 수)

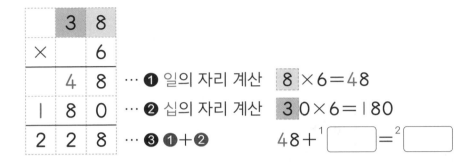

		3	8
×			6
		4	8
	1	8	0
	2	2	8

··· ❶ 일의 자리 계산 8×6=48

··· ❷ 십의 자리 계산 30×6=180

··· ❸ ❶+❷

$48 + {}^1\boxed{} = {}^2\boxed{}$

• 38×6 한 번에 계산하기

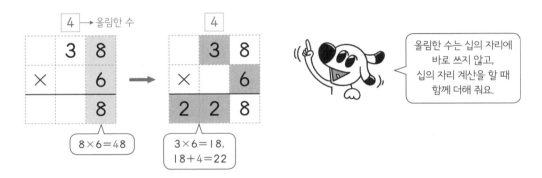

4 → 올림한 수

8×6=48

4

3×6=18,
18+4=22

올림한 수는 십의 자리에
바로 쓰지 않고,
십의 자리 계산을 할 때
함께 더해 줘요.

바빠 꿀팁!

• 계산이 힘든 친구들을 위한 꿀팁!

올림한 수를 더하는 과정에 받아올림이 있으면 실수하기 쉬워요.
계산 중간에 살짝 써 두고 더해 봐요.

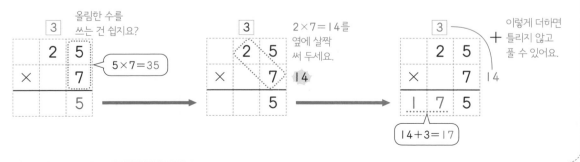

올림한 수를
쓰는 건 쉽지요?

5×7=35

2×7=14를
옆에 살짝
써 두세요.

이렇게 더하면
틀리지 않고
풀 수 있어요.

14+3=17

🐾 곱셈을 하세요.

① 　　2 3
　　× 　8

② 　　3 5
　　× 　4

③ 　　3 4
　　× 　5

④ 　　5 9
　　× 　6

⑤ 　　2 8
　　× 　5

⑥ 　　7 9
　　× 　6

⑦ 　　4 9
　　× 　4

⑧ 　　6 2
　　× 　9

⑨ 　　5 7
　　× 　8

⑩ 　　7 4
　　× 　9

⑪ 　　8 8
　　× 　2

⑫ 　　9 3
　　× 　4

곱셈을 하세요.

① 　　2 7
　　× 　6

② 　　2 8
　　× 　7

③ 　　5 4
　　× 　3

④ 　　6 6
　　× 　5

⑤ 　　4 7
　　× 　4

⑥ 　　5 8
　　× 　5

⑦ 　　6 5
　　× 　3

⑧ 　　8 9
　　× 　2

⑨ 　　2 3
　　× 　9

⑩ 　　3 8
　　× 　7

⑪ 　　9 4
　　× 　9

⑫ 　　7 6
　　× 　8

곱셈을 하세요.

①   2 6
    ×   7
_____

②   4 3
    ×   6
_____

③   6 9
    ×   4
_____

④   3 7
    ×   6
_____

⑤   3 4
    ×   8
_____

⑥   8 6
    ×   2
_____

⑦   5 9
    ×   4
_____

⑧   6 4
    ×   3
_____

⑨   9 2
    ×   5
_____

⑩   2 5
    ×   7
_____

⑪   4 8
    ×   9
_____

올림한 수를 작게 쓰는 습관이 계산을 더 정확하게 해 준다는 것을 기억해요.

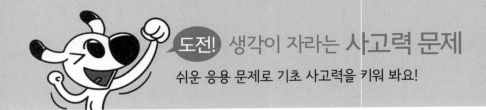

🐾 왼쪽 곱셈의 규칙을 찾아 오른쪽 곱셈을 하세요.

1

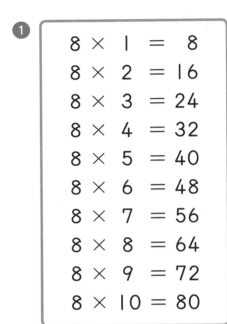

$8 \times 1 = 8$
$8 \times 2 = 16$
$8 \times 3 = 24$
$8 \times 4 = 32$
$8 \times 5 = 40$
$8 \times 6 = 48$
$8 \times 7 = 56$
$8 \times 8 = 64$
$8 \times 9 = 72$
$8 \times 10 = 80$

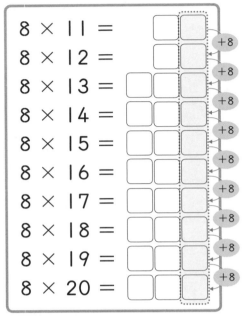

$8 \times 11 =$
$8 \times 12 =$
$8 \times 13 =$
$8 \times 14 =$
$8 \times 15 =$
$8 \times 16 =$
$8 \times 17 =$
$8 \times 18 =$
$8 \times 19 =$
$8 \times 20 =$

+8

왼쪽 곱셈과 곱의 일의 자리 규칙이 같네요!

규칙 곱이 ☐ 씩 커지고, 곱의 일의 자리가 8, ☐, ☐, 2, 0을 반복합니다.

2

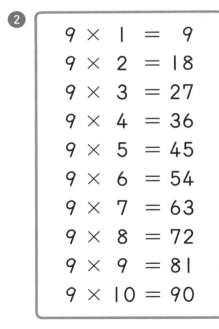

$9 \times 1 = 9$
$9 \times 2 = 18$
$9 \times 3 = 27$
$9 \times 4 = 36$
$9 \times 5 = 45$
$9 \times 6 = 54$
$9 \times 7 = 63$
$9 \times 8 = 72$
$9 \times 9 = 81$
$9 \times 10 = 90$

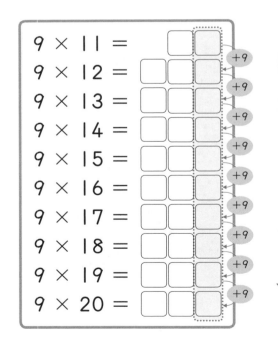

$9 \times 11 =$
$9 \times 12 =$
$9 \times 13 =$
$9 \times 14 =$
$9 \times 15 =$
$9 \times 16 =$
$9 \times 17 =$
$9 \times 18 =$
$9 \times 19 =$
$9 \times 20 =$

+9

9의 곱에서 신기한 규칙을 찾아봐요!

규칙 곱이 ☐ 씩 커지고, 곱의 일의 자리가 ☐ 씩 작아집니다.

09 (두 자리 수)×(한 자리 수) 종합 문제

🐾 곱셈을 하세요.

①
```
    3 0
  ×   3
```

②
```
    3 4
  ×   2
```

③
```
    1 6
  ×   6
```

④
```
    2 1
  ×   9
```

⑤
```
    4 1
  ×   5
```

⑥
```
    2 8
  ×   4
```

⑦
```
    1 9
  ×   6
```

⑧
```
    2 9
  ×   3
```

⑨
```
    5 2
  ×   4
```

⑩
```
    4 3
  ×   9
```

⑪
```
    7 6
  ×   8
```

⑫
```
    9 7
  ×   6
```

🐾 곱셈을 하세요.

①   2 9
    ×   2

②   4 1
    ×   9

③   1 9
    ×   5

④   4 8
    ×   9

⑤   3 9
    ×   3

⑥   5 9
    ×   4

⑦   7 2
    ×   4

⑧   2 6
    ×   9

⑨   5 8
    ×   7

⑩   9 3
    ×   4

⑪   7 9
    ×   6

⑫   8 6
    ×   8

🐾 세 개의 문 중에서 계산 결과가 가장 큰 문을 열면 보물을 찾을 수 있습니다.
계산을 하고 보물을 숨겨둔 문에 ○표 하세요.

①

$$\begin{array}{r} 1\,5 \\ \times\quad 6 \\ \hline \end{array}$$

$$\begin{array}{r} 2\,8 \\ \times\quad 3 \\ \hline \end{array}$$

$$\begin{array}{r} 3\,6 \\ \times\quad 4 \\ \hline \end{array}$$

②

$$\begin{array}{r} 4\,7 \\ \times\quad 5 \\ \hline \end{array}$$

$$\begin{array}{r} 6\,9 \\ \times\quad 4 \\ \hline \end{array}$$

$$26 \times 3$$

③

$$\begin{array}{r} 8\,3 \\ \times\quad 7 \\ \hline \end{array}$$

$$42 \times 9$$

$$\begin{array}{r} 7\,8 \\ \times\quad 3 \\ \hline \end{array}$$

🐾 쁘냥이는 곱셈식이 모두 맞는 사다리를 올라야만 지붕 위의 생선을 먹을 수 있습니다. 쁘냥이가 올라야 할 사다리 번호에 ○표 하세요.

셋째 마당

(세 자리 수)×(한 자리 수)

셋째 마당은 둘째 마당에서 연습한 (두 자리 수)×(한 자리 수)에서 곱해지는 수가 한 자리 더 늘어났을 뿐 계산 원리는 똑같아요. 올림이 세 번 있는 곱셈까지 나오지만 올림한 수를 윗자리 계산에 더해 주는 것만 잊지 말고 기억한다면 잘 풀 수 있을 거예요!

	공부할 내용!	완료	10일 진도	20일 진도
10	일, 십, 백의 자리를 각각 곱하고 더해!	☐		6일차
11	올림한 수는 한 자리 위로!	☐	4일차	7일차
12	주의! 올림이 여러 번 있는 (세 자리 수)×(한 자리 수)	☐		8일차
13	실수 없게! (세 자리 수)×(한 자리 수) 집중 연습	☐	5일차	9일차
14	(세 자리 수)×(한 자리 수) 종합 문제	☐		10일차

10 일, 십, 백의 자리를 각각 곱하고 더해!

☆ 올림이 없는 (세 자리 수)×(한 자리 수)

곱하는 수 2를
일 ➡ 십 ➡ 백의 자리
순으로 곱하면 돼요.

	1	4	3		
×			2		
			6	… ❶ 일의 자리 계산	$3×2=6$
		8	0	… ❷ 십의 자리 계산	$40×2=80$
	2	0	0	… ❸ $^1\boxed{}$의 자리 계산	$100×2=^2\boxed{}$
	2	8	6	… ❹ ❶+❷+❸	$6+80+200=286$

• 143×2 한 번에 계산하기

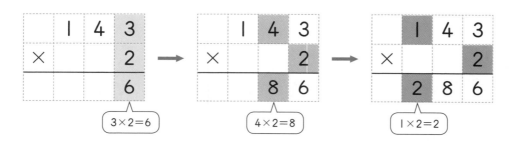

$3×2=6$ → $4×2=8$ → $1×2=2$

 앗! 실수

• 십의 자리에 0이 있는 경우

103×2와 같이 일의 자리에서 올림한 수가 없고, 곱해지는 수의 십의 자리 숫자가 0이면 곱의
십의 자리에 반드시 0을 써 줘야 해요. 만약 0을 쓰지 않으면 계산 결과가 틀려져요.

틀린 계산

	1	0	3
×			2
		2	6

20 ⤴

➡

바른 계산

	1	0	3
×			2
	2	0	6

(몇백 몇십)×(몇)의 곱은 (몇십 몇)×(몇)의 곱에 0을 1개 붙여 주면 돼요.

150 × 2 = 300   240 × 3 = 720

🐾 곱셈을 하세요.

1
```
    3 0 0
  ×     2
  -------
      0 0
```

2
```
    4 0 0
  ×     3
  -------
```

300×2는 3×2를 한 다음, 뒤에 0을 2개 붙여 주면 돼요.

3×2=6   30×2=60   300×2=600

3
```
    1 4 0
  ×     2
  -------
        0
```

4
```
    1 2 0
  ×     6
  -------
```

12×6을 한 다음 뒤에 0을 1개 붙여 주면 돼요.

5
```
    2 3 0
  ×     4
  -------
```

6
```
    3 7 0
  ×     2
  -------
```

7
```
    4 3 0
  ×     3
  -------
```

8
```
    1 9 0
  ×     4
  -------
```

9
```
    6 2 0
  ×     4
  -------
```

10
```
    2 6 0
  ×     2
  -------
```

11
```
    7 4 0
  ×     2
  -------
```

🐾 곱셈을 하세요.

①
```
    1 1 2
  ×     4
```

②
```
    1 2 3
  ×     3
```

일의 자리부터
차례로 곱하면
OK!

③
```
    1 3 1
  ×     2
```

④
```
    1 3 3
  ×     3
```

⑤
```
    3 2 1
  ×     3
```

⑥
```
    3 1 2
  ×     2
```

⑦
```
    3 3 1
  ×     2
```

⑧
```
    2 2 1
  ×     3
```

⑨
```
    2 2 1
  ×     4
```

⑩
```
    2 2 2
  ×     3
```

⑪
```
    3 1 3
  ×     3
```

$$\begin{array}{r} 3\ 0\ 2 \\ \times \quad 3 \\ \hline \square\ \square\ \square \end{array}$$

올림이 없으면 일, 십, 백의 자리 순서로 곱하여
각 자리 아래에 바로 내려쓰면 쉬워요.

곱셈을 하세요.

1
$$\begin{array}{r} 1\ 2\ 1 \\ \times \quad 2 \\ \hline \end{array}$$

2
$$\begin{array}{r} 1\ 3\ 2 \\ \times \quad 2 \\ \hline \end{array}$$

3
$$\begin{array}{r} 2\ 3\ 1 \\ \times \quad 2 \\ \hline \end{array}$$

4
$$\begin{array}{r} 1\ 2\ 2 \\ \times \quad 4 \\ \hline \end{array}$$

5
$$\begin{array}{r} 3\ 3\ 1 \\ \times \quad 3 \\ \hline \end{array}$$

6
$$\begin{array}{r} 2\ 1\ 3 \\ \times \quad 2 \\ \hline \end{array}$$

7
$$\begin{array}{r} 2\ 3\ 3 \\ \times \quad 3 \\ \hline \end{array}$$

8
$$\begin{array}{r} 3\ 1\ 2 \\ \times \quad 3 \\ \hline \end{array}$$

9
$$\begin{array}{r} 3\ 2\ 1 \\ \times \quad 2 \\ \hline \end{array}$$

10
$$\begin{array}{r} 2\ 1\ 2 \\ \times \quad 3 \\ \hline \end{array}$$

11
$$\begin{array}{r} 2\ 2\ 2 \\ \times \quad 4 \\ \hline \end{array}$$

12
$$\begin{array}{r} 3\ 4\ 3 \\ \times \quad 2 \\ \hline \end{array}$$

(세 자리 수)×(한 자리 수)   63

🐾 다음 문장을 읽고 문제를 풀어 보세요.

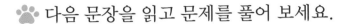

▲00장씩 ■묶음
➡ ▲ × ■를 한 다음,
뒤에 0을 2개
붙여 주면 돼요.

1 한 묶음에 200장씩 묶여 있는 도화지가 3묶음 있다면 도화지는 모두 몇 장일까요?

_____

2 한 상자에 120개씩 들어 있는 귤이 4상자 있습니다. 귤은 모두 몇 개일까요?

_____

3 철사 132 cm로 장미 한 송이를 만들 수 있습니다. 장미 3송이를 만들려면 철사는 모두 몇 cm가 필요할까요?

_____

4 진영이가 124쪽짜리 동화책을 2권 읽었다면 읽은 동화책은 모두 몇 쪽일까요?

_____

5 아파트 단지에 꽃이 243송이 심어 있는 꽃밭이 2개 있습니다. 꽃은 모두 몇 송이일까요?

_____

올림한 수는 한 자리 위로!

☆ 일의 자리에서 올림이 있는 (세 자리 수)×(한 자리 수)

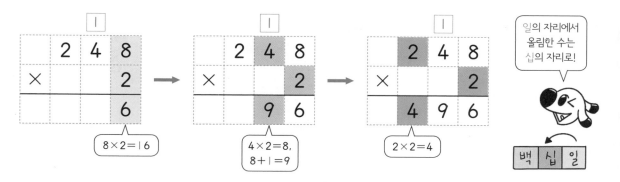

일의 자리에서 올림한 수는 십의 자리로!

백 십 일

☆ 십의 자리에서 올림이 있는 (세 자리 수)×(한 자리 수)

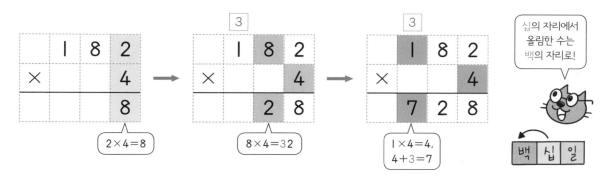

십의 자리에서 올림한 수는 백의 자리로!

백 십 일

☆ 백의 자리에서 올림이 있는 (세 자리 수)×(한 자리 수)

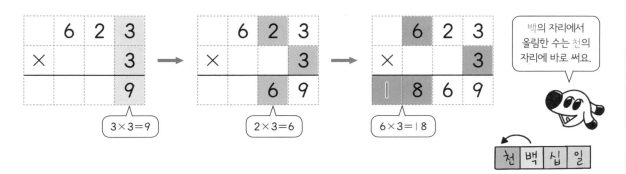

백의 자리에서 올림한 수는 천의 자리에 바로 써요.

천 백 십 일

🐾 곱셈을 하세요.

> 올림한 수를 작게
> 쓰면서 계산하세요!

$$\begin{array}{r} 3\,\overset{1}{4}\,7 \\ \times\quad 2 \\ \hline 4 \end{array}$$

① $\begin{array}{r} 1\,1\,8 \\ \times\quad 5 \\ \hline \end{array}$

② $\begin{array}{r} 3\,4\,7 \\ \times\quad 2 \\ \hline \end{array}$

③ $\begin{array}{r} 3\,5\,2 \\ \times\quad 2 \\ \hline \end{array}$

④ $\begin{array}{r} 1\,6\,1 \\ \times\quad 5 \\ \hline \end{array}$

⑤ $\begin{array}{r} 2\,7\,2 \\ \times\quad 3 \\ \hline \end{array}$

⑥ $\begin{array}{r} 3\,1\,1 \\ \times\quad 9 \\ \hline \end{array}$

⑦ $\begin{array}{r} 7\,3\,2 \\ \times\quad 3 \\ \hline \end{array}$

⑧ $\begin{array}{r} 5\,1\,4 \\ \times\quad 2 \\ \hline \end{array}$

⑨ $\begin{array}{r} 4\,2\,9 \\ \times\quad 2 \\ \hline \end{array}$

⑩ $\begin{array}{r} 1\,9\,3 \\ \times\quad 3 \\ \hline \end{array}$

⑪ $\begin{array}{r} 6\,3\,2 \\ \times\quad 3 \\ \hline \end{array}$

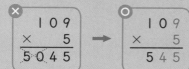

일의 자리에서 올림이 있고 곱해지는
십의 자리 숫자가 0인 경우에는 올림한 수를
바로 곱의 십의 자리에 써 주면 돼요.

🐾 곱셈을 하세요.

①
```
    1 0 7
  ×     8
```

②
```
    2 1 8
  ×     2
```

③
```
    1 5 1
  ×     6
```

④
```
    6 1 1
  ×     9
```

⑤
```
    4 2 3
  ×     3
```

⑥
```
    3 8 4
  ×     2
```

⑦
```
    7 2 3
  ×     3
```

⑧
```
    1 1 4
  ×     7
```

⑨
```
    1 3 2
  ×     4
```

⑩
```
    1 1 2
  ×     8
```

⑪
```
    9 0 2
  ×     4
```

⑫
```
    1 7 1
  ×     5
```

곱셈을 하세요.

①   1 7 2
    ×   4

②   3 1 7
    ×   3

③   9 2 4
    ×   2

④   3 2 5
    ×   3

⑤   5 0 3
    ×   2

⑥   1 4 1
    ×   7

⑦   1 1 6
    ×   6

⑧   4 3 6
    ×   2

⑨   7 1 2
    ×   4

⑩   2 5 3
    ×   3

⑪   5 3 2
    ×   3

어느 자리에서 올림이 있는지
확인하면서 풀어 봐요!

🐾 다음 문장을 읽고 문제를 풀어 보세요.

■개씩 ▲상자

➡ ■ × ▲ (개)

① 구슬이 152개씩 3상자에 들어 있습니다. 구슬은 모두 몇 개일까요?

_____

② 한 개에 510원인 사탕 8개를 사려면 얼마가 필요할까요?

_____

③ 어느 공장에서는 하루에 107대씩 자동차를 생산한다고 합니다. 5일 동안 생산한 자동차는 모두 몇 대일까요?

_____

④ 클립이 한 상자에 150개씩 들어 있습니다. 4상자에 들어 있는 클립은 모두 몇 개일까요?

_____

⑤ 준서네 아파트에는 한 동에 114가구가 살고 있습니다. 이 아파트 단지에 6개의 동이 있다면 모두 몇 가구일까요?

_____

☆ 올림이 2번 있는 (세 자리 수)×(한 자리 수)

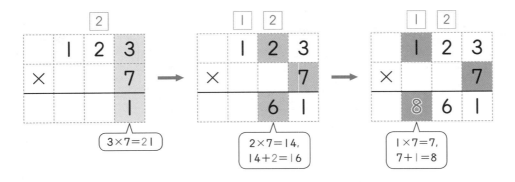

☆ 올림이 3번 있는 (세 자리 수)×(한 자리 수)

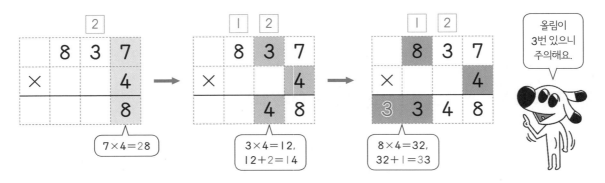

올림이 3번 있으니 주의해요.

앗! 실수

- **십의 자리에 0이 있는 경우**

  $604 \times 5 = 3020$과 같이 곱이 몇천 몇십일 때 0을 하나 빠뜨려서 몇백 몇십으로 쓰지 않도록 주의해요.

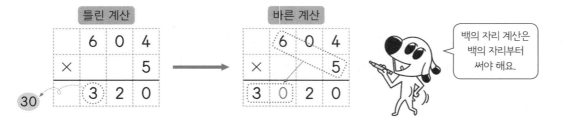

백의 자리 계산은 백의 자리부터 써야 해요.

올림한 수가 나타내는 수의 크기는 얼마일까요?
5는 일의 자리에서 올림한 수이니까 50을 나타내고,
3은 십의 자리에서 올림한 수이니까 300을 나타내요.

🐾 곱셈을 하세요.

①
```
  1 8 7
×     4
```

②
```
  2 3 5
×     8
```

③
```
  2 9 4
×     6
```

④
```
  2 7 3
×     5
```

⑤
```
  8 4 2
×     3
```

⑥
```
  4 0 5
×     7
```

⑦
```
  5 2 8
×     3
```

⑧
```
  3 2 2
×     9
```

⑨
```
  1 2 8
×     7
```

⑩
```
  8 6 1
×     8
```

⑪
```
  7 5 4
×     6
```

⑫
```
  9 2 3
×     5
```

(세 자리 수)×(한 자리 수)   71

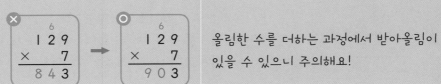

올림한 수를 더하는 과정에서 받아올림이 있을 수 있으니 주의해요!

🐾 곱셈을 하세요.

①
```
  1 3 4
×     7
```

②
```
  5 6 9
×     3
```

③
```
  7 0 9
×     2
```

④
```
  1 9 8
×     3
```

⑤
```
  6 6 1
×     9
```

⑥
```
  7 3 2
×     5
```

⑦
```
  4 3 9
×     8
```

⑧
```
  3 4 3
×     7
```

⑨
```
  8 1 8
×     6
```

⑩
```
  1 8 4
×     9
```

⑪
```
  2 7 2
×     8
```

⑫
```
  3 7 6
×     4
```

🐾 곱셈을 하세요.

①
```
  1 3 9
×     5
```

②
```
  3 2 1
×     9
```

③
```
  5 9 7
×     3
```

④
```
  2 1 6
×     7
```

⑤
```
  1 2 3
×     8
```

⑥
```
  7 5 4
×     3
```

⑦
```
  4 6 5
×     2
```

⑧
```
  3 8 9
×     6
```

⑨
```
  9 5 8
×     2
```

잘하고 있어요!
한 쪽만 더
풀어 볼까요?

⑩
```
  8 7 6
×     4
```

⑪
```
  6 2 7
×     8
```

🐾 다음 문장을 읽고 문제를 풀어 보세요.

❶ 1년은 365일입니다. 4년은 며칠일까요?

---

❷ 줄넘기를 하루에 185번씩 한다면 5일 동안에는 줄넘기를 모두 몇 번 하게 될까요?

---

❸ 서연이네 집에서 학교까지의 거리는 496 m입니다. 서연이가 오늘 집에서 학교를 다녀왔다면 이동한 거리는 모두 몇 m일까요?

서연이네 집   학교

---- 496 m ----

---

❹ 빨간색, 파란색, 노란색 색종이가 있습니다. 색깔별로 264장씩 있다면 색종이는 모두 몇 장일까요?

---

❺ 짜장면 한 그릇의 칼로리는 523칼로리입니다. 민수는 일주일 동안 짜장면을 매일 한 그릇씩 먹었습니다. 민수가 일주일 동안 먹은 짜장면의 칼로리는 모두 몇 칼로리일까요?

속닥속닥

❸ 집에서 학교를 다녀왔으니까 이동한 거리는 496 m의 2배예요.
❺ 일주일은 7일이에요.

☆ (세 자리 수)×(한 자리 수)의 실수하기 쉬운 유형

실수 1 올림한 수를 더하지 않은 경우

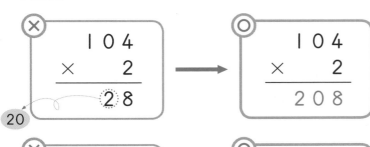

일의 자리에서 올림한 수 1☐를 십의 자리 계산에 더해 주지 않았습니다.

십의 자리 계산 중 곱을 더하는 과정에서 생긴 받아올림한 수 1을 백의 자리 계산에 더해 주지 않았습니다.

실수 2 곱을 자리에 맞추어 쓰지 않은 경우

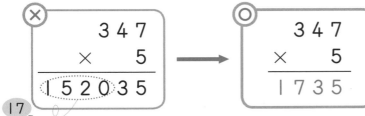

일의 자리에서 올림한 수가 없고, 곱해지는 수의 십의 자리가 0이므로 곱의 십의 자리에는 2☐을 써야 합니다.

자리 위치를 무시하고 각 자리의 곱을 붙여 써서 틀렸습니다.

곱셈의 올림 쉽지 않네~.

실수 유형을 모아 한 번 짚고 가면 실수가 확 줄 거예요!

$$\begin{array}{r} {\scriptstyle 1} \\ 1\,3\,5 \\ \times \quad 2 \\ \hline 2\,7\,0 \end{array}$$

5 × 2 = 10처럼 일의 자리에서 올림이 있고 일의 자리가 0인 곱셈이 실수하기 쉬워요. 올림한 수를 십의 자리 계산에서 더해 주는 걸 잊지 않도록 주의해요.

🐾 곱셈을 하세요.

①
$$\begin{array}{r} 2\,2\,5 \\ \times \qquad 2 \\ \hline \end{array}$$

②
$$\begin{array}{r} 1\,9\,4 \\ \times \qquad 5 \\ \hline \end{array}$$

③
$$\begin{array}{r} 2\,6\,5 \\ \times \qquad 4 \\ \hline \end{array}$$

④
$$\begin{array}{r} 1\,4\,8 \\ \times \qquad 5 \\ \hline \end{array}$$

⑤
$$\begin{array}{r} 4\,3\,5 \\ \times \qquad 6 \\ \hline \end{array}$$

⑥
$$\begin{array}{r} 2\,9\,5 \\ \times \qquad 4 \\ \hline \end{array}$$

⑦
$$\begin{array}{r} 3\,1\,5 \\ \times \qquad 6 \\ \hline \end{array}$$

⑧
$$\begin{array}{r} 1\,8\,6 \\ \times \qquad 5 \\ \hline \end{array}$$

⑨
$$\begin{array}{r} 4\,7\,5 \\ \times \qquad 4 \\ \hline \end{array}$$

⑩
$$\begin{array}{r} 7\,1\,8 \\ \times \qquad 5 \\ \hline \end{array}$$

⑪
$$\begin{array}{r} 9\,4\,5 \\ \times \qquad 4 \\ \hline \end{array}$$

⑫
$$\begin{array}{r} 1\,2\,5 \\ \times \qquad 8 \\ \hline \end{array}$$

곱해지는 수의 십의 자리 수가 0이고 일의 자리에서 올림한
수가 없을 경우, 반드시 십의 자리에는 0을 써 줘야 해요.

🐾 곱셈을 하세요.

①
$$\begin{array}{r} 214 \\ \times \quad 7 \\ \hline \end{array}$$

②
$$\begin{array}{r} 107 \\ \times \quad 6 \\ \hline \end{array}$$

③
$$\begin{array}{r} 345 \\ \times \quad 5 \\ \hline \end{array}$$

④
$$\begin{array}{r} 432 \\ \times \quad 6 \\ \hline \end{array}$$

⑤
$$\begin{array}{r} 559 \\ \times \quad 2 \\ \hline \end{array}$$

⑥
$$\begin{array}{r} 805 \\ \times \quad 7 \\ \hline \end{array}$$

⑦
$$\begin{array}{r} 648 \\ \times \quad 3 \\ \hline \end{array}$$

⑧
$$\begin{array}{r} 302 \\ \times \quad 8 \\ \hline \end{array}$$

⑨
$$\begin{array}{r} 213 \\ \times \quad 4 \\ \hline \end{array}$$

⑩
$$\begin{array}{r} 706 \\ \times \quad 9 \\ \hline \end{array}$$

⑪
$$\begin{array}{r} 199 \\ \times \quad 9 \\ \hline \end{array}$$

⑫
$$\begin{array}{r} 986 \\ \times \quad 3 \\ \hline \end{array}$$

계산 결과는 자리에 맞추어 정확히 써요.
그래야 계산 실수를 줄일 수 있어요.

🐾 곱셈을 하세요.

①
$$\begin{array}{r} 174 \\ \times \quad 9 \\ \hline \end{array}$$

②
$$\begin{array}{r} 346 \\ \times \quad 4 \\ \hline \end{array}$$

③
$$\begin{array}{r} 578 \\ \times \quad 2 \\ \hline \end{array}$$

④
$$\begin{array}{r} 283 \\ \times \quad 6 \\ \hline \end{array}$$

⑤
$$\begin{array}{r} 417 \\ \times \quad 8 \\ \hline \end{array}$$

⑥
$$\begin{array}{r} 894 \\ \times \quad 6 \\ \hline \end{array}$$

⑦
$$\begin{array}{r} 644 \\ \times \quad 3 \\ \hline \end{array}$$

⑧
$$\begin{array}{r} 129 \\ \times \quad 8 \\ \hline \end{array}$$

⑨
$$\begin{array}{r} 796 \\ \times \quad 5 \\ \hline \end{array}$$

⑩
$$\begin{array}{r} 888 \\ \times \quad 3 \\ \hline \end{array}$$

⑪
$$\begin{array}{r} 572 \\ \times \quad 7 \\ \hline \end{array}$$

⑫
$$\begin{array}{r} 999 \\ \times \quad 9 \\ \hline \end{array}$$

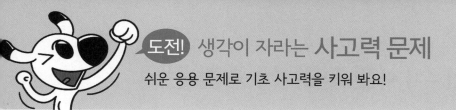
🐾 ☐ 안에 알맞은 수를 써넣고, 곱의 규칙을 알아보세요.

①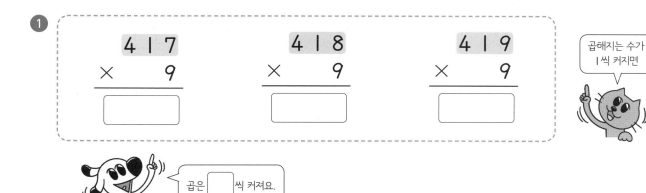

곱해지는 수가 1씩 커지면

곱은 ☐ 씩 커져요.

②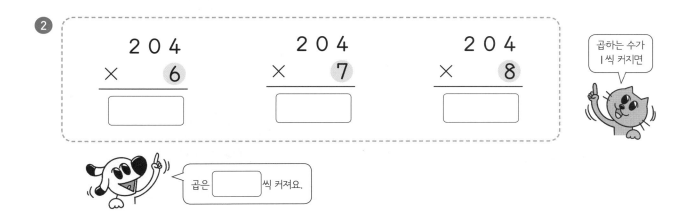

곱하는 수가 1씩 커지면

곱은 ☐ 씩 커져요.

③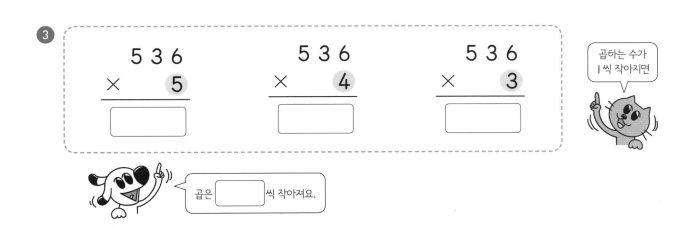

곱하는 수가 1씩 작아지면

곱은 ☐ 씩 작아져요.

14 (세 자리 수)×(한 자리 수) 종합 문제

🐾 곱셈을 하세요.

①
$$\begin{array}{r} 321 \\ \times \quad 2 \\ \hline \end{array}$$

②
$$\begin{array}{r} 430 \\ \times \quad 3 \\ \hline \end{array}$$

③
$$\begin{array}{r} 171 \\ \times \quad 5 \\ \hline \end{array}$$

④
$$\begin{array}{r} 192 \\ \times \quad 4 \\ \hline \end{array}$$

⑤
$$\begin{array}{r} 216 \\ \times \quad 7 \\ \hline \end{array}$$

⑥
$$\begin{array}{r} 509 \\ \times \quad 6 \\ \hline \end{array}$$

⑦
$$\begin{array}{r} 318 \\ \times \quad 3 \\ \hline \end{array}$$

⑧
$$\begin{array}{r} 127 \\ \times \quad 4 \\ \hline \end{array}$$

⑨
$$\begin{array}{r} 112 \\ \times \quad 8 \\ \hline \end{array}$$

⑩
$$\begin{array}{r} 632 \\ \times \quad 5 \\ \hline \end{array}$$

⑪
$$\begin{array}{r} 746 \\ \times \quad 3 \\ \hline \end{array}$$

⑫
$$\begin{array}{r} 861 \\ \times \quad 8 \\ \hline \end{array}$$

$$\begin{array}{r} 123 \\ \times\ \ 3 \\ \hline 369 \end{array}$$

곱셈을 하세요.

① $\begin{array}{r} 319 \\ \times\ \ 2 \\ \hline \end{array}$

② $\begin{array}{r} 160 \\ \times\ \ 5 \\ \hline \end{array}$

③ $\begin{array}{r} 252 \\ \times\ \ 9 \\ \hline \end{array}$

④ $\begin{array}{r} 453 \\ \times\ \ 2 \\ \hline \end{array}$

⑤ $\begin{array}{r} 185 \\ \times\ \ 3 \\ \hline \end{array}$

⑥ $\begin{array}{r} 806 \\ \times\ \ 3 \\ \hline \end{array}$

⑦ $\begin{array}{r} 143 \\ \times\ \ 7 \\ \hline \end{array}$

⑧ $\begin{array}{r} 312 \\ \times\ \ 9 \\ \hline \end{array}$

⑨ $\begin{array}{r} 724 \\ \times\ \ 8 \\ \hline \end{array}$

⑩ $\begin{array}{r} 413 \\ \times\ \ 6 \\ \hline \end{array}$

⑪ $\begin{array}{r} 264 \\ \times\ \ 7 \\ \hline \end{array}$

⑫ $\begin{array}{r} 658 \\ \times\ \ 4 \\ \hline \end{array}$

섞어서 연습해요!

🐾 곱셈을 하세요.

①   303
    ×   4

②   524
    ×   3

③   115
    ×   6

④   438
    ×   2

⑤   216
    ×   7

⑥   129
    ×   3

⑦   712
    ×   9

⑧   493
    ×   6

⑨   637
    ×   8

⑩   893
    ×   4

⑪   532
    ×   8

⑫   777
    ×   4

택배 상자에 적힌 곱셈의 계산 결과가 배달할 집 호수입니다. 택배 상자와 배달할 집을 선으로 잇고, 남은 택배를 배달할 집 호수를 빈 곳에 써넣으세요.

🐾 계산 결과가 더 큰 길로 가면 집에 잘 도착할 수 있습니다. 알맞은 길을 따라가 보세요.

①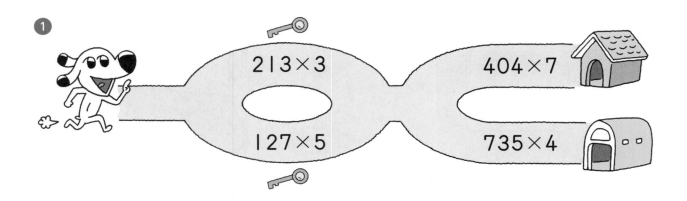

②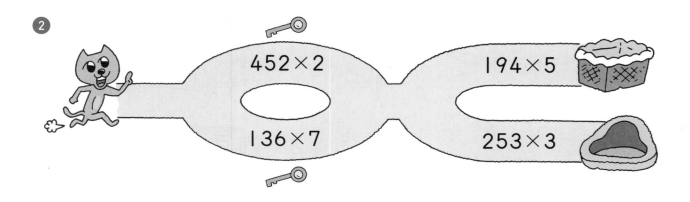

③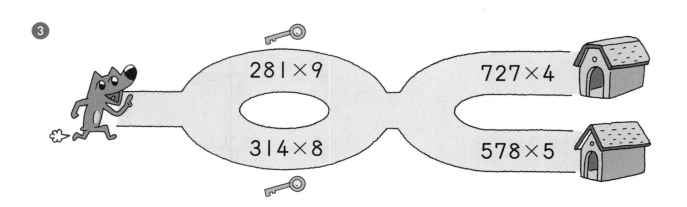

넷째 마당

(두 자리 수)×(두 자리 수)

곱셈에서 가장 많이 훈련해야 하는 단원이 (두 자리 수)×(두 자리 수)
예요. 많은 친구가 어려워하는 단원이지만 곱하는 수를 '몇십과 몇'으
로 나누어 계산하는 원리를 먼저 이해하고, 충분히 연습한다면 자신감
이 생길 거예요. 자, 그럼 집중해서 연습해 볼까요?

공부할 내용!	완료	10일 진도	20일 진도
15 0부터 붙이고 시작하면 간단해	☐		11일차
16 일의 자리와 십의 자리 수로 나누어 곱하자	☐	6일차	12일차
17 올림이 있는 (두 자리 수)×(두 자리 수)도 정확하게~	☐		13일차
18 실수 없게! (두 자리 수)×(두 자리 수) 집중 연습	☐	7일차	14일차
19 (두 자리 수)×(두 자리 수) 종합 문제	☐		15일차

15 0부터 붙이고 시작하면 간단해

☆ (몇십)×(몇십)

(몇)×(몇)을 계산한 값에 0을 ^{1} ⬚ 개 붙입니다.

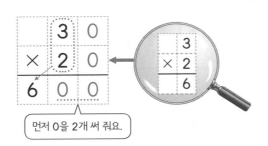

먼저 0을 2개 써 줘요.

3×2를 계산한 값에 0을 2개 붙이면 돼요!

☆ (두 자리 수)×(몇십), (몇십)×(두 자리 수)

(두 자리 수)×(한 자리 수)를 계산한 값에 0을 ^{2} ⬚ 개 붙입니다.

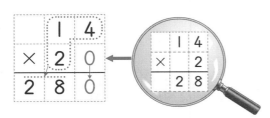

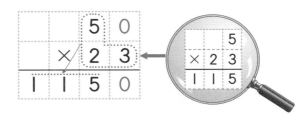

바빠 꿀팁!

- **곱에 0이 있으면 자리를 먼저 확보해요!**

25×4=100처럼 곱에 0이 있는 경우에 실수를 하는 경우가 많아요. 그래서 계산을 하기 전에 먼저 0을 그대로 내려 자리를 확보한 다음 계산하면 실수를 줄일 수 있어요.

먼저 0을 1개 써 줘요.

0을 하나 빠뜨리지 않게 주의하세요!

20 × 30 = 600   30 × 40 = 1200

곱셈을 하세요.

(몇십)×(몇십)은 일단 0부터 2개 붙이고 시작하면 쉬워요!

①
```
    2 0
  × 4 0
    0 0
```
먼저 0을 2개 써 줘요.

②
```
    5 0
  × 2 0
    0 0
```

③
```
  6 0
× 7 0
```

④
```
  3 0
× 6 0
```

⑤
```
  8 0
× 3 0
```

⑥
```
  4 0
× 8 0
```

⑦
```
  2 0
× 7 0
```

⑧
```
  9 0
× 5 0
```

⑨
```
  5 0
× 3 0
```

⑩
```
  7 0
× 4 0
```

⑪
```
  3 0
× 9 0
```

$$\begin{array}{r} 3\,2 \\ \times9 \\ \hline 2\,8\,8 \end{array} \rightarrow \begin{array}{r} 3\,2 \\ \times\,9\,0 \\ \hline 2\,8\,8\,0 \end{array}$$

(두 자리 수)×(몇십)은 (두 자리 수)×(한 자리 수)로 계산한
다음, 곱 뒤에 0을 1개 붙여 주면 끝!

🐾 곱셈을 하세요.

올림한 수를 작게
쓰면서 계산하세요!

①
$$\begin{array}{r} 1\,3 \\ \times\,2\,0 \\ \hline 0 \end{array}$$

먼저 0을
1개 써요.

②
$$\begin{array}{r} 1\,7 \\ \times\,5\,0 \\ \hline \end{array}$$

③
$$\begin{array}{r} 2\,9 \\ \times\,3\,0 \\ \hline \end{array}$$

④
$$\begin{array}{r} 4\,2 \\ \times\,4\,0 \\ \hline \end{array}$$

⑤
$$\begin{array}{r} 7\,0 \\ \times\,2\,8 \\ \hline \end{array}$$

⑥
$$\begin{array}{r} 4\,0 \\ \times\,7\,3 \\ \hline \end{array}$$

⑦
$$\begin{array}{r} 9\,0 \\ \times\,1\,4 \\ \hline \end{array}$$

⑧
$$\begin{array}{r} 8\,0 \\ \times\,1\,6 \\ \hline \end{array}$$

⑨
$$\begin{array}{r} 3\,7 \\ \times\,2\,0 \\ \hline \end{array}$$

⑩
$$\begin{array}{r} 6\,0 \\ \times\,4\,6 \\ \hline \end{array}$$

⑪
$$\begin{array}{r} 5\,8 \\ \times\,4\,0 \\ \hline \end{array}$$

🐾 곱셈을 하세요.

①
```
    3 0
 ×  2 8
```

②
```
    6 0
 ×  5 3
```

③
```
    1 6
 ×  7 0
```

④
```
    7 9
 ×  6 0
```

⑤
```
    8 0
 ×  3 7
```

⑥
```
    3 2
 ×  9 0
```

⑦
```
    2 7
 ×  4 0
```

⑧
```
    7 0
 ×  1 9
```

⑨
```
    4 0
 ×  8 5
```

⑩
```
    9 0
 ×  2 4
```

⑪
```
    2 5
 ×  8 0
```

나 먼저 내려간다!

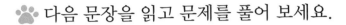

🐾 다음 문장을 읽고 문제를 풀어 보세요.

❶ 지호네 반 학생 30명에게 색종이를 20장씩 빠짐없이 나누어 주려면 필요한 색종이는 모두 몇 장일까요?

_____

❷ 운동장에 학생들이 한 줄에 20명씩 32줄로 서 있습니다. 운동장에 서 있는 학생은 모두 몇 명일까요?

_____

❸ 하루는 24시간입니다. 50일은 몇 시간일까요?

_____

❹ 한라봉이 한 상자에 12개씩 들어 있습니다. 60상자에 들어 있는 한라봉은 모두 몇 개일까요?

_____

❺ 은서는 하루에 30분씩 피아노 연습을 합니다. 7월 한 달 동안 은서가 피아노 연습을 한 시간은 모두 몇 분일까요?

_____

속닥속닥

❺ 7월 한 달은 31일이에요.

16 일의 자리와 십의 자리 수로 나누어 곱하자

☆ 올림이 없는 (두 자리 수)×(두 자리 수)

(두 자리 수)×(일의 자리 수)와 (두 자리 수)×(십의 자리 수)를 각각 계산한 다음
더합니다.

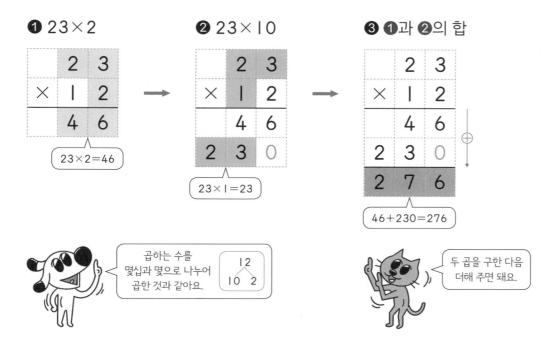

❶ 23×2

```
    2 3
×   1 2
    4 6
```
23×2=46

❷ 23×10

```
    2 3
×   1 2
    4 6
  2 3 0
```
23×1=23

❸ ❶과 ❷의 합

```
    2 3
×   1 2
    4 6
  2 3 0
  2 7 6
```
46+230=276

곱하는 수를
몇십과 몇으로 나누어
곱한 것과 같아요.

```
  12
 /  \
10   2
```

두 곱을 구한 다음
더해 주면 돼요.

🐾 앗 실수

• 십의 자리 계산을 쓸 때 자릿값에 주의해요!

세로셈에서 계산상 편리함을 위해 12×10=120의 0을 생략하여 12로 써도 돼요.
하지만 십의 자리 계산을 쓸 때 꼭 일의 자리를 비우고 십의 자리부터 써야 해요.

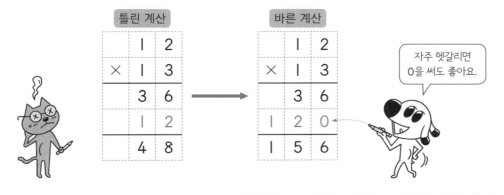

틀린 계산

```
    1 2
×   1 3
    3 6
    1 2
    4 8
```

바른 계산

```
    1 2
×   1 3
    3 6
  1 2 0
  1 5 6
```

자주 헷갈리면
0을 써도 좋아요.

12 × 31은 12 × 1=12와 12 × 30=360을 구한 다음
12와 360을 더해 구할 수 있어요.

🐾 곱셈을 하세요.

①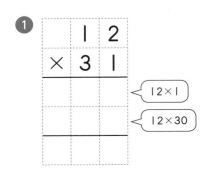

②
```
    1 2
×   1 2
```

③
```
    1 2
×   1 3
```

④
```
    1 2
×   1 4
```

⑤
```
    2 1
×   1 4
```

⑥
```
    1 3
×   1 3
```

⑦
```
    1 1
×   1 3
```

⑧
```
    2 3
×   1 2
```

⑨
```
    1 4
×   1 1
```

⑩
```
    1 1
×   1 6
```

⑪
```
    1 8
×   1 1
```

⑫
```
    4 2
×   2 1
```

곱셈을 하세요.

①
```
   2 1
 × 1 2
```

②
```
   1 1
 × 1 9
```

곱을 구한 다음 더하는 과정에서 받아올림이 있을 수 있으니 방심하지 마세요.

③
```
   3 1
 × 2 1
```

④
```
   2 2
 × 2 3
```

⑤
```
   5 5
 × 1 1
```

⑥
```
   1 1
 × 3 1
```

⑦
```
   3 3
 × 1 2
```

⑧
```
   2 2
 × 2 2
```

⑨
```
   1 1
 × 8 4
```

⑩
```
   3 4
 × 2 1
```

⑪
```
   4 4
 × 1 2
```

🐾 곱셈을 하세요.

①   1 2
    × 3 4

②   1 1
    × 1 5

③   2 1
    × 1 2

④   2 1
    × 4 1

⑤   4 3
    × 1 2

⑥   3 1
    × 1 3

⑦   3 6
    × 1 1

⑧   2 2
    × 3 2

⑨   2 4
    × 2 1

⑩   4 4
    × 2 2

⑪   3 2
    × 3 1

십의 자리 계산에서
일의 자리의 0을
생략하니 편리하죠?

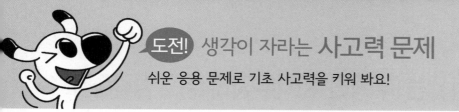
🐾 보기 와 같은 방법으로 계산하세요.

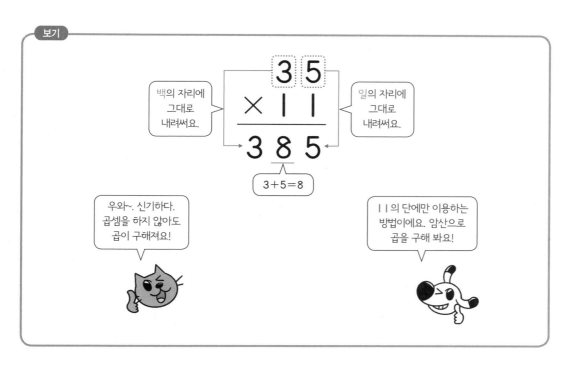

①   1 2
   × 1 1

②   3 2
   × 1 1

③   2 6
   × 1 1

④   4 3
   × 1 1

⑤   5 4
   × 1 1

⑥   6 2
   × 1 1

17 올림이 있는 (두 자리 수)×(두 자리 수)도 정확하게~

☆ 올림이 있는 (두 자리 수)×(두 자리 수)

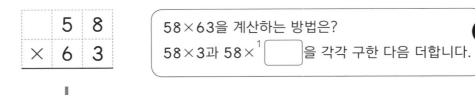

58×63을 계산하는 방법은?
58×3과 58×¹□ 을 각각 구한 다음 더합니다.

❶ 58×3

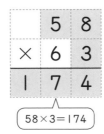

58×3=174

💡 곱에 올림이 있어요.

❷ 58×60

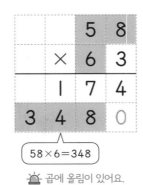

58×6=348

💡 곱에 올림이 있어요.

❸ ❶과 ❷의 합

```
      5  8
   ×  6  3
      1  7  4
   3  4  8  0
   3  6  5  4
```

174+3480=3654

💡 덧셈 과정에서
받아올림이 있어요.

더하는 과정에서의
받아올림은 암산하는
습관을 들이는 게 좋아요.

 바빠 꿀팁!

• 올림한 수를 작게 표시하면 정확해져요!

올림한 수를 윗자리의 답 위에 작게 쓰고 계산해 보세요.

올림한 수를
작게 써요.

두 곱을 구했다면
더할 때 헷갈리지
않도록 올림을 지워요.

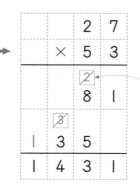

곱셈을 하세요.

올림한 수를 작게
쓰면서 계산하세요!

①
```
    1 3
  × 2 4
```
13×4
13×20

②
```
    3 4
  × 2 5
```

```
    3 4
  × 2 5
  1 7 0
```

③
```
    2 5
  × 4 3
```

④
```
    1 7
  × 4 2
```

⑤
```
    3 2
  × 4 5
```

⑥
```
    4 8
  × 3 5
```

⑦
```
    3 4
  × 5 2
```

⑧
```
    5 8
  × 1 4
```

⑨
```
    6 2
  × 4 5
```

⑩
```
    4 3
  × 5 3
```

⑪
```
    5 1
  × 3 9
```

곱셈을 하세요.

말풍선: 곱을 구한 다음 더하는 과정에서 받아올림이 있을 수 있으니 방심하지 마세요.

①
```
    1 2
  ×  3 7
```

②
```
    2 5
  ×  5 6
```

③
```
    4 6
  ×  3 1
```

④
```
    3 4
  ×  2 8
```

⑤
```
    3 7
  ×  4 4
```

⑥
```
    4 2
  ×  6 5
```

⑦
```
    3 5
  ×  7 4
```

⑧
```
    6 1
  ×  2 3
```

⑨
```
    4 3
  ×  5 6
```

⑩
```
    5 3
  ×  4 8
```

⑪
```
    8 3
  ×  3 5
```

곱셈을 하세요.

① 　 1 3
　 × 4 3

② 　 3 6
　 × 2 6

③ 　 2 4
　 × 5 9

④ 　 2 5
　 × 2 4

⑤ 　 2 8
　 × 2 7

⑥ 　 4 9
　 × 2 3

⑦ 　 4 7
　 × 3 6

⑧ 　 3 5
　 × 6 5

⑨ 　 3 6
　 × 5 4

⑩ 　 4 8
　 × 8 2

⑪ 　 3 9
　 × 7 9

⑫ 　 9 3
　 × 2 5

곱셈을 하세요.

① $\begin{array}{r} 19 \\ \times\ 45 \\ \hline \end{array}$

② $\begin{array}{r} 47 \\ \times\ 15 \\ \hline \end{array}$

③ $\begin{array}{r} 56 \\ \times\ 29 \\ \hline \end{array}$

④ $\begin{array}{r} 26 \\ \times\ 78 \\ \hline \end{array}$

⑤ $\begin{array}{r} 34 \\ \times\ 85 \\ \hline \end{array}$

⑥ $\begin{array}{r} 71 \\ \times\ 93 \\ \hline \end{array}$

⑦ $\begin{array}{r} 45 \\ \times\ 76 \\ \hline \end{array}$

⑧ $\begin{array}{r} 54 \\ \times\ 67 \\ \hline \end{array}$

⑨ $\begin{array}{r} 86 \\ \times\ 75 \\ \hline \end{array}$

⑩ $\begin{array}{r} 74 \\ \times\ 69 \\ \hline \end{array}$

⑪ $\begin{array}{r} 96 \\ \times\ 87 \\ \hline \end{array}$

곱셈의 올림은 작게 쓰고, 더하는 과정에서의 받아 올림은 암산을 해서 속도를 올려 봐요!

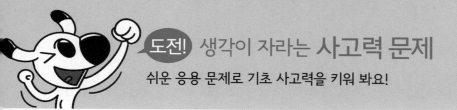

🐾 보기 와 같은 방법으로 계산하세요.

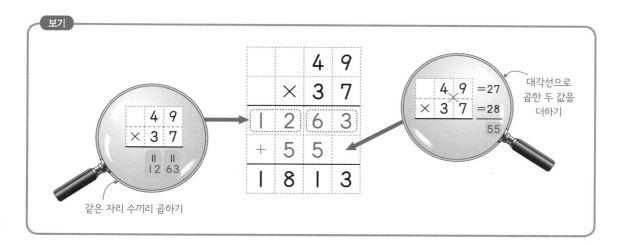

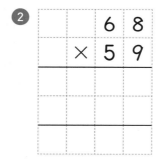

①
```
        2 4
    ×   8 5
  1 6 2 0
```

②
```
        6 8
    ×   5 9
```

③
```
        5 3
    ×   9 8
```

④
```
        8 7
    ×   6 4
```

복잡한 곱셈인데 신기한 방법이네~.

인도의 베다수학 방법 중 하나예요. 따라 풀어 봐요~.

18 실수 없게! (두 자리 수)×(두 자리 수) 집중 연습

☆ (두 자리 수)×(두 자리 수)의 실수하기 쉬운 유형

실수 1 곱하는 수의 0을 내려쓰지 않은 경우

```
✗       8 5
      × 6 0
      ─────
      5 1 0
            0
```

```
◎       8 5
      × 6 0
      ─────
      5 1 0 0
```

> 곱하는 수의 0을 내려쓰지 않았습니다.
> 곱하는 수의 끝자리의 0은 그대로 내려써야 합니다.

실수 2 곱을 자릿값의 위치에 맞게 쓰지 않은 경우

```
✗       2 7
      × 4 3
      ─────
        8 1
      1 0 8
      ─────
      1 8 9
```

```
◎         2 7
        × 4 3
        ─────
          8 1
      1 0 8 0
        ─────
      1 1 6 1
```

> 27×40의 계산 결과는
> 1 [   ]이므로 자릿값의 위치에 맞게 써서 계산해야 합니다.

바빠 꿀팁!

• 곱하는 수의 두 자리 수가 같은 숫자인 경우

곱하는 수의 십의 자리 숫자와 일의 자리 숫자가 같으면(11, 22, 33……) 십의 자리 계산을 따로 하지 않고 일의 자리에 0을 쓰고 일의 자리 곱을 한 번 더 써 주면 돼요.

```
        1 2
      × 9 9
      ─────
      1 0 8
    1 0 8 0
      ─────
    1 1 8 8
```

```
        3 6
      × 4 4
      ─────
      1 4 4
  2 [      ] 0
      ─────
    1 5 8 4
```

```
        7 3
      × 8 8
      ─────
      5 8 4
  3 [      ] 0
      ─────
    6 4 2 4
```

> 두 번 계산할 필요가 없어요!

1. 1080 2. 144 3. 584

🐾 곱셈을 하세요.

①
```
   6 9
×  4 0
```

②
```
   2 0
×  5 8
```

③
```
   8 6
×  7 5
```

④
```
   3 0
×  6 4
```

⑤
```
   4 2
×  4 7
```

⑥
```
   9 6
×  5 0
```

⑦
```
   6 0
×  7 3
```

⑧
```
   5 1
×  9 2
```

⑨
```
   6 3
×  8 9
```

⑩
```
   9 4
×  3 4
```

⑪
```
   7 0
×  6 7
```

⑫
```
   8 7
×  3 8
```

각 자리의 계산에서 올림이 있고 마지막 덧셈 과정에서도
받아올림이 있을 수 있으니 계산할 때 주의해야 해요!

🐾 곱셈을 하세요.

① 72
  × 26

② 64
  × 53

③ 35
  × 89

④ 48
  × 69

⑤ 57
  × 68

⑥ 29
  × 92

⑦ 37
  × 93

⑧ 76
  × 27

⑨ 95
  × 73

⑩ 83
  × 65

⑪ 49
  × 62

⑫ 47
  × 98

🐾 곱셈을 하세요.

①
```
    5 4
  × 3 3
```

②
```
    1 1
  × 9 8
```

③
```
    4 4
  × 1 7
```

④
```
    8 8
  × 6 4
```

⑤
```
    3 9
  × 7 7
```

⑥
```
    2 2
  × 7 6
```

⑦
```
    5 5
  × 8 4
```

⑧
```
    2 6
  × 9 9
```

⑨
```
    9 7
  × 6 6
```

⑩
```
    3 6
  × 7 4
```

⑪
```
    1 5
  × 9 6
```

⑫
```
    5 2
  × 7 8
```

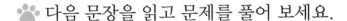

🐾 다음 문장을 읽고 문제를 풀어 보세요.

① 초콜릿이 한 상자에 15개씩 들어 있다면 27상자에 들어 있는 초콜릿은 모두 몇 개일까요?

_____

② 상자 한 개를 묶는 데 64 cm의 끈이 필요합니다. 똑같은 상자 16개를 묶는 데 필요한 끈은 모두 몇 cm일까요?

_____

③ 하루는 24시간입니다. 5월 한 달은 모두 몇 시간일까요?

_____

④ 쌈은 바늘 24개를 한 묶음으로 세는 단위를 나타내는 말입니다. 바늘 25쌈은 모두 몇 개일까요?

_____

⑤ 재훈이는 수학 문제를 하루에 36문제씩 풉니다. 4주 동안 매일 푼 수학 문제는 모두 몇 문제일까요?

_____

속닥속닥

③ 5월 한 달은 31일이에요.
⑤ 1주일이 7일이니까 4주일은 7×4=28(일)이에요.

(두 자리 수)×(두 자리 수) 종합 문제

🐾 곱셈을 하세요.

①
$$\begin{array}{r} 40 \\ \times\,70 \\ \hline \end{array}$$

②
$$\begin{array}{r} 30 \\ \times\,28 \\ \hline \end{array}$$

③
$$\begin{array}{r} 66 \\ \times\,11 \\ \hline \end{array}$$

④
$$\begin{array}{r} 27 \\ \times\,50 \\ \hline \end{array}$$

⑤
$$\begin{array}{r} 44 \\ \times\,16 \\ \hline \end{array}$$

⑥
$$\begin{array}{r} 23 \\ \times\,54 \\ \hline \end{array}$$

⑦
$$\begin{array}{r} 63 \\ \times\,21 \\ \hline \end{array}$$

⑧
$$\begin{array}{r} 94 \\ \times\,25 \\ \hline \end{array}$$

⑨
$$\begin{array}{r} 32 \\ \times\,75 \\ \hline \end{array}$$

⑩
$$\begin{array}{r} 72 \\ \times\,65 \\ \hline \end{array}$$

⑪
$$\begin{array}{r} 88 \\ \times\,33 \\ \hline \end{array}$$

⑫
$$\begin{array}{r} 49 \\ \times\,62 \\ \hline \end{array}$$

🐾 곱셈을 하세요.

①   2 0
  × 4 6

②   2 1
  × 4 3

③   2 3
  × 5 4

④   3 2
  × 7 5

⑤   4 0
  × 8 5

⑥   9 4
  × 1 5

⑦   5 2
  × 3 6

⑧   6 3
  × 5 6

⑨   1 6
  × 7 3

⑩   3 5
  × 3 9

⑪   7 1
  × 2 8

⑫   4 9
  × 6 2

🐾 곱셈을 하세요.

① $\begin{array}{r} 55 \\ \times\ 30 \\ \hline \end{array}$

② $\begin{array}{r} 14 \\ \times\ 14 \\ \hline \end{array}$

③ $\begin{array}{r} 70 \\ \times\ 18 \\ \hline \end{array}$

④ $\begin{array}{r} 43 \\ \times\ 17 \\ \hline \end{array}$

⑤ $\begin{array}{r} 38 \\ \times\ 19 \\ \hline \end{array}$

⑥ $\begin{array}{r} 25 \\ \times\ 39 \\ \hline \end{array}$

⑦ $\begin{array}{r} 65 \\ \times\ 27 \\ \hline \end{array}$

⑧ $\begin{array}{r} 21 \\ \times\ 73 \\ \hline \end{array}$

⑨ $\begin{array}{r} 36 \\ \times\ 55 \\ \hline \end{array}$

⑩ $\begin{array}{r} 48 \\ \times\ 32 \\ \hline \end{array}$

⑪ $\begin{array}{r} 87 \\ \times\ 26 \\ \hline \end{array}$

⑫ $\begin{array}{r} 92 \\ \times\ 45 \\ \hline \end{array}$

각 낚싯줄로 곱이 같은 물고기를 잡으려고 합니다. 낚싯줄과 물고기를 알맞게
이어 보세요.

빠독이가 정글에서 보물을 찾으려고 합니다. 올바른 답이 적힌 길을 따라가 보세요.

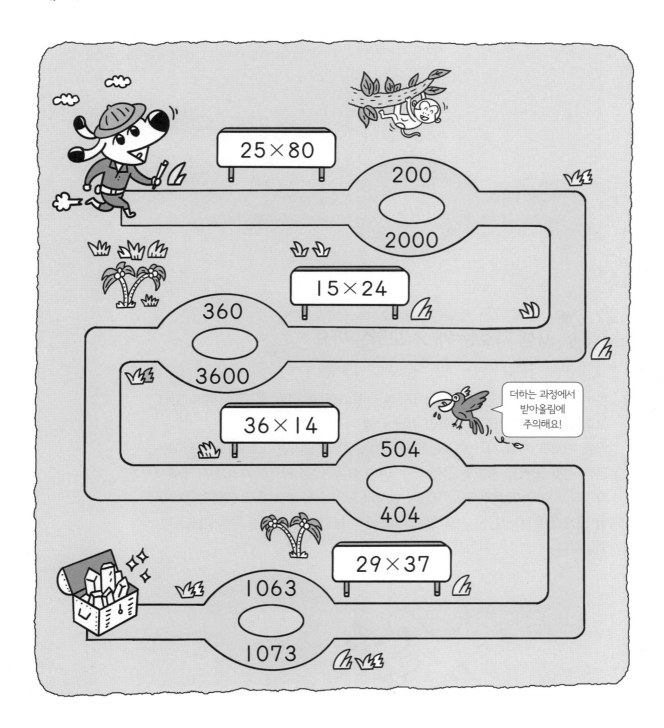

곱셈 기호는 왜 × 모양일까요?

흔히들 덧셈 기호(+)가 십자가 모양이라서 교회와 연관 있다고 생각하지만, 교회에서 유래한 기호는 덧셈이 아닌 곱셈 기호(×)예요.

곱셈 기호를 처음 사용한 사람은 영국의 수학자 '윌리엄 오트레드'예요. 그는 곱셈 기호 모양을 종교와 관련 있는 미술 작품인 '성 안드레아의 십자가'에서 따왔다고 해요. 오트레드는 처음에 십자가 모양을 곱셈 기호로 정하려다가 이미 덧셈 기호로 사용된 것을 알고, 비스듬히 눕힌 모양 '×'를 곱셈 기호로 정했답니다.

다섯째 마당

(세 자리 수)×(두 자리 수)

이번 마당은 곱하는 두 수가 커졌기 때문에 계산이 더욱 복잡해요. 하지만 넷째 마당에서 (두 자리 수)×(두 자리 수)를 충분히 연습했다면 계산 원리가 같으니 문제없이 풀 수 있을 거예요. 잘하고 있으니 마지막까지 힘내서 곱셈을 완성해 보세요!

	공부할 내용!	완료	10일 진도	20일 진도
20	곱하는 두 수의 0의 개수만큼 0을 뒤에 붙여!	☐	8일차	16일차
21	올림이 없는 (세 자리 수)×(두 자리 수)는 가뿐히~	☐		17일차
22	올림이 있는 (세 자리 수)×(두 자리 수)도 정확하게~	☐	9일차	18일차
23	실수 없게! (세 자리 수)×(두 자리 수) 집중 연습	☐		19일차
24	(세 자리 수)×(두 자리 수) 종합 문제	☐	10일차	20일차

☆ (몇백)×(몇십)

(몇)×(몇)을 계산한 값에 두 수의 0의 개수만큼 ¹[　]을 붙입니다.

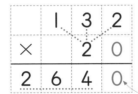

> 두 수의 곱에
> 0이 3개이니까
> 먼저 0을 3개 써 줘요.

☆ (세 자리 수)×(몇십)

(세 자리 수)×(한 자리 수)를 계산한 값에 0을 ²[　]개 붙입니다.

> 먼저 0을 1개
> 쓰고 계산해요.
> 식은 죽 먹기죠?

 바빠 꿀팁!

• **어떤 수에 100, 1000, 10000 곱하기**

어떤 수에 100을 곱하면 어떤 수에 0을 2개, 어떤 수에 1000을 곱하면 어떤 수에 0을 3개,
어떤 수에 10000을 곱하면 어떤 수에 0을 4개 붙이면 돼요.

$$2 \times 100 = 200$$
$$15 \times 1000 = 15000$$
$$24 \times 10000 = 240000$$

> 0만 잘 붙이면
> 만사 OK!

• **몇백에 몇백, 몇천 곱하기**

$$700 \times 500 = 350000$$
2개　2개　　4개

$$900 \times 8000 = 7200000$$
2개　3개　　5개

```
  140
×  60
─────
   2
 8400
```
올림이 있으면 올림한 수를 작게 쓰면서 계산하세요!

🐾 곱셈을 하세요.

1
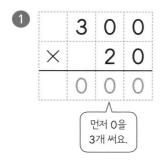
```
  3 0 0
×   2 0
───────
  0 0 0
```
먼저 0을
3개 써요.

2
```
  4 0 0
×   7 0
───────
```

3
```
  9 0 0
×   6 0
───────
```

4
```
  1 8 0
×   4 0
───────
    0 0
```
먼저 0을
2개 써요.

5
```
  6 4 0
×   3 0
───────
```

6
```
  3 7 0
×   5 0
───────
```

7
```
  5 6 0
×   9 0
───────
```

8
```
  8 3 0
×   5 0
───────
```

9
```
  9 8 0
×   3 0
───────
```

10
```
  7 9 0
×   6 0
───────
```

11
```
  2 9 0
×   7 0
───────
```

12
```
  4 2 0
×   8 0
───────
```

$$\begin{array}{r} 1\ 2\ 1 \\ \times\ 4\ 0 \\ \hline \square\ \square\ \blacksquare\ 0 \end{array}$$
$$\begin{array}{r} 1\ 2\ 1 \\ \times\ 4\ 0 \\ \hline \square\ \blacksquare\ \square\ 0 \end{array}$$
$$\begin{array}{r} 1\ 2\ 1 \\ \times\ 4\ 0 \\ \hline \blacksquare\ \square\ \square\ 0 \end{array}$$

🐾 곱셈을 하세요.

①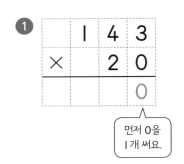

먼저 0을 1개 써요.

② $$\begin{array}{r} 1\ 2\ 3 \\ \times\ \ \ 4\ 0 \\ \hline \end{array}$$

$$\begin{array}{r} 1\ 2\ 3 \\ \times\ \ \ 4\ 0 \\ \hline 0 \end{array}$$

나 먼저 내려간다!

③ $$\begin{array}{r} 3\ 9\ 4 \\ \times\ \ \ 8\ 0 \\ \hline \end{array}$$

④ $$\begin{array}{r} 6\ 3\ 7 \\ \times\ \ \ 6\ 0 \\ \hline \end{array}$$

⑤ $$\begin{array}{r} 7\ 5\ 3 \\ \times\ \ \ 4\ 0 \\ \hline \end{array}$$

⑥ $$\begin{array}{r} 5\ 3\ 8 \\ \times\ \ \ 3\ 0 \\ \hline \end{array}$$

⑦ $$\begin{array}{r} 4\ 1\ 2 \\ \times\ \ \ 9\ 0 \\ \hline \end{array}$$

⑧ $$\begin{array}{r} 3\ 3\ 7 \\ \times\ \ \ 8\ 0 \\ \hline \end{array}$$

⑨ $$\begin{array}{r} 2\ 8\ 6 \\ \times\ \ \ 7\ 0 \\ \hline \end{array}$$

⑩ $$\begin{array}{r} 8\ 1\ 4 \\ \times\ \ \ 9\ 0 \\ \hline \end{array}$$

⑪ $$\begin{array}{r} 6\ 9\ 2 \\ \times\ \ \ 5\ 0 \\ \hline \end{array}$$

200×50의 2×5=10처럼 곱에 0이 있는 경우 0을 하나 빠뜨리지 않도록 해야 해요.

0이 3개
$$200 \times 50 = 10000$$
0이 1개

0이 3개
$$500 \times 80 = 40000$$
0이 1개

🐾 곱셈을 하세요.

❶ 8 × 100 =

❷ 12 × 1000 =

❸ 73 × 10000 =

❹ 300 × 900 =

❺ 500 × 400 =

❻ 600 × 500 =

❼ 600 × 3000 =

❽ 700 × 8000 =

❾ 400 × 9000 =

❿ 2000 × 600 =

⓫ 8000 × 500 =

⓬ 5000 × 700 =

⓭ 900 × 60000 =

(몇)×(몇)을 하고
0의 개수만큼
0을 붙여요!

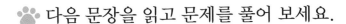

🐾 다음 문장을 읽고 문제를 풀어 보세요.

① 복숭아가 한 상자에 16개씩 들어 있다면 100상자에 들어 있는 복숭아는 모두 몇 개일까요?

_____

② 색종이를 한 묶음에 400장씩 포장했더니 1000묶음이 되었습니다. 포장한 색종이는 모두 몇 장일까요?

_____

③ 사탕 한 개의 값이 800원이라면 사탕 2000개의 값은 얼마일까요?

_____

④ 하루에 500 km씩 달리는 자동차가 있습니다. 이 자동차가 200일 동안 달리면 모두 몇 km를 달리게 될까요?

_____

⑤ 어느 미술관의 학생 입장료는 2000원입니다. 학생 600명의 입장료는 모두 얼마일까요?

_____

올림이 없는 (세 자리 수)×(두 자리 수)는 가뿐히~

 올림이 없는 (세 자리 수)×(두 자리 수)

(세 자리 수)×(일의 자리 수)와 (세 자리 수)×($^1\boxed{}$의 자리 수)를 각각 계산한 다음 더합니다.

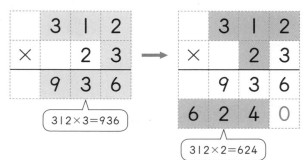

❶ 312×3

312×3=936

❷ 312×20

312×2=624

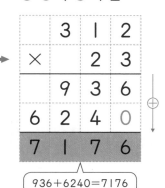

❸ ❶과 ❷의 합

936+6240=7176

🚨 덧셈 과정에서 받아올림이 있어요.

곱하는 수를 몇십과 몇으로 나누어 곱한 것과 같아요.

23
20 3

두 곱을 구한 다음 더해 주면 돼요.

 바빠 꿀팁!

• **두 수의 곱의 자리를 찾는 방법**

일의 자리에~

십의 자리에~

백의 자리에~

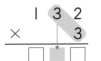

두 수의 곱의 자리를 잘 알아야 실수하지 않아요.

십의 자리에~

백의 자리에~

천의 자리에~

곱셈을 하세요.

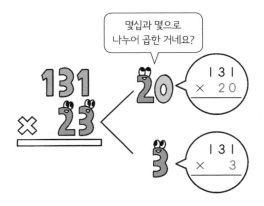

①
```
    1 1 2
  ×   1 1
```

②
```
    1 3 1
  ×   2 3
```

③
```
    1 3 3
  ×   1 3
```

④
```
    2 3 2
  ×   3 3
```

⑤
```
    4 1 4
  ×   1 1
```

⑥
```
    2 4 4
  ×   1 2
```

⑦
```
    4 1 1
  ×   2 2
```

⑧
```
    3 1 4
  ×   2 1
```

⑨
```
    1 1 2
  ×   4 3
```

⑩
```
    2 1 3
  ×   3 1
```

⑪
```
    4 2 1
  ×   1 2
```

곱셈을 하세요.

①
```
    2 1 1
  ×   3 2
```

②
```
    1 1 4
  ×   2 1
```

③
```
    3 1 1
  ×   2 2
```

④
```
    1 2 2
  ×   4 3
```

⑤
```
    1 4 4
  ×   1 2
```

⑥
```
    3 2 3
  ×   1 3
```

⑦
```
    3 3 1
  ×   1 3
```

⑧
```
    3 2 2
  ×   2 3
```

⑨
```
    2 4 1
  ×   2 1
```

⑩
```
    1 3 2
  ×   3 3
```

⑪
```
    3 1 2
  ×   3 1
```

⑫
```
    4 4 1
  ×   2 2
```

🐾 곱셈을 하세요.

1
```
    1 2 1
 ×   4 4
```

2
```
    1 4 4
 ×   2 1
```

3
```
    3 1 2
 ×   1 3
```

4
```
    1 2 1
 ×   4 1
```

5
```
    1 1 3
 ×   3 2
```

6
```
    2 3 2
 ×   2 3
```

7
```
    2 3 1
 ×   2 2
```

8
```
    2 2 3
 ×   3 1
```

9
```
    4 2 4
 ×   1 2
```

10
```
    2 3 1
 ×   3 2
```

11
```
    4 3 1
 ×   2 1
```

너무 잘하고 있어요!
올림이 없어서 차근차근
계산하면 쉬울 거예요.

도전! 생각이 자라는 사고력 문제

쉬운 응용 문제로 기초 사고력을 키워 봐요!

🐾 규칙을 찾아 ☐ 안에 알맞은 수를 써넣으세요.

1

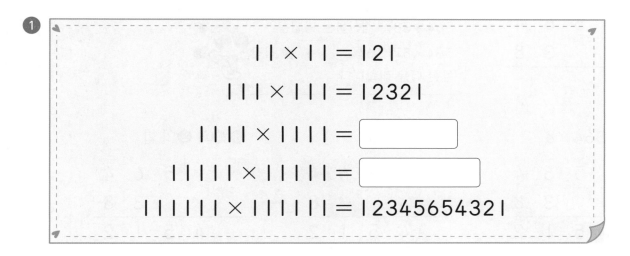

$$11 \times 11 = 121$$
$$111 \times 111 = 12321$$
$$1111 \times 1111 = \boxed{}$$
$$11111 \times 11111 = \boxed{}$$
$$111111 \times 111111 = 12345654321$$

1이 9개
111111111×111111111의 곱의 가운데 숫자는 무엇일까요?

직접 계산하지 않아도 규칙을 보면 가운데 숫자는 ☐ 가 돼요!

2

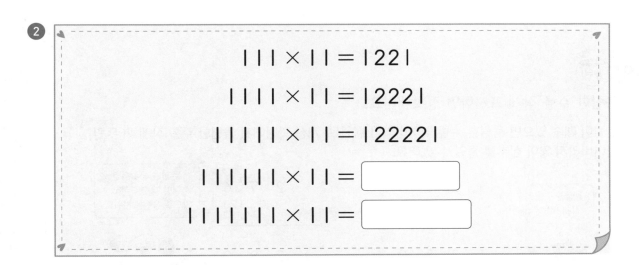

$$111 \times 11 = 1221$$
$$1111 \times 11 = 12221$$
$$11111 \times 11 = 122221$$
$$111111 \times 11 = \boxed{}$$
$$1111111 \times 11 = \boxed{}$$

1이 9개
111111111×11의 곱은 2가 몇 개일까요?

직접 계산하지 않아도 규칙을 보면 알 수 있어요. 2는 ☐ 개예요.

올림이 있는 (세 자리 수)×(두 자리 수)도 정확하게~

☆ 올림이 있는 (세 자리 수)×(두 자리 수)

```
      5  6  4
   ×     3  8
```

564×38을 계산하는 방법은?
564×8과 564×¹[ ]을 각각
구한 다음 더합니다.

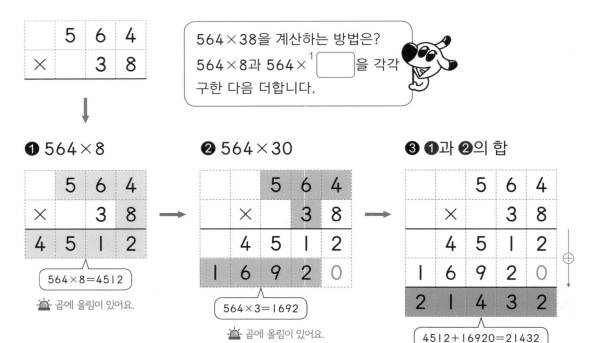

❶ 564×8

```
      5  6  4
   ×     3  8
   4  5  1  2
```

564×8=4512

🚨 곱에 올림이 있어요.

❷ 564×30

```
      5  6  4
   ×     3  8
   4  5  1  2
1  6  9  2  0
```

564×3=1692

🚨 곱에 올림이 있어요.

❸ ❶과 ❷의 합

```
      5  6  4
   ×     3  8
   4  5  1  2
1  6  9  2  0
2  1  4  3  2
```

4512+16920=21432

🚨 덧셈 과정에서 받아올림이 있어요.

🍯 꿀팁!

• 올림한 수를 작게 표시하면 정확해져요!

올림이 계속 있으면 올림한 수를 잊어버리기 쉬워요. 계산 과정에서 올림한 수를 작게 써 두면 잊어버리지 않아 실수를 줄일 수 있어요.

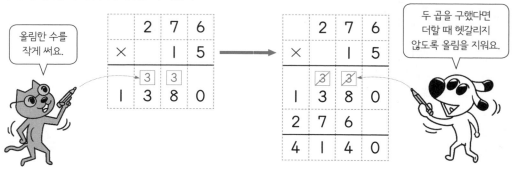

올림한 수를 작게 써요.

```
      2  7  6
   ×     1  5
      ③  ③
1  3  8  0
```

두 곱을 구했다면 더할 때 헷갈리지 않도록 올림을 지워요.

```
      2  7  6
   ×     1  5
      ③̶  ③̶
1  3  8  0
2  7  6
4  1  4  0
```

 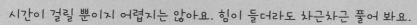

🐾 곱셈을 하세요.

올림한 수를 작게
쓰면서 계산하세요.

```
      2 7 3
  ×   6 5
  ─────────
    ³    6 5
```

①
```
    1 4 6
×     9 3
```

②
```
    2 7 3
×     6 5
```

③
```
    4 7 8
×     6 7
```

④
```
    5 2 4
×     9 3
```

⑤
```
    6 3 7
×     5 2
```

⑥
```
    7 3 2
×     8 3
```

⑦
```
    2 5 8
×     4 5
```

⑧
```
    9 1 5
×     3 1
```

⑨
```
    4 1 9
×     7 4
```

⑩
```
    8 1 3
×     2 9
```

⑪
```
    3 6 4
×     8 3
```

B 곱셈 과정에서의 올림과 마지막 덧셈 과정에서의
받아올림이 있을 수 있으니 주의해서 계산해요.

🐾 곱셈을 하세요.

①
```
   2 2 5
 ×   4 4
```

②
```
   3 4 7
 ×   2 5
```

③
```
   4 1 5
 ×   3 8
```

④
```
   1 9 9
 ×   7 1
```

⑤
```
   6 4 6
 ×   5 3
```

⑥
```
   2 5 7
 ×   3 5
```

⑦
```
   5 2 3
 ×   2 6
```

⑧
```
   7 4 8
 ×   1 5
```

⑨
```
   9 2 5
 ×   8 2
```

⑩
```
   6 9 1
 ×   4 1
```

⑪
```
   4 6 7
 ×   6 2
```

⑫
```
   8 7 3
 ×   2 9
```

올림이 여러 번 있는 계산은 계산 과정이 복잡해서
빠른 계산보다는 정확한 계산을 목표로 문제를 풀어요.

곱셈을 하세요.

①
```
    1 3 5
  ×   8 3
```

②
```
    2 4 6
  ×   7 5
```

③
```
    3 5 7
  ×   6 4
```

④
```
    4 6 8
  ×   4 2
```

⑤
```
    5 7 9
  ×   3 3
```

⑥
```
    6 2 6
  ×   4 5
```

⑦
```
    7 9 3
  ×   3 8
```

⑧
```
    8 4 6
  ×   5 6
```

⑨
```
    9 6 1
  ×   6 7
```

⑩
```
    6 6 9
  ×   7 6
```

⑪
```
    3 7 4
  ×   8 9
```

⑫
```
    7 4 7
  ×   9 8
```

😺 곱셈을 하세요.

① 　 2 3 7
　 × 　 4 2

② 　 3 2 8
　 × 　 6 3

③ 　 5 0 4
　 × 　 3 5

④ 　 4 7 2
　 × 　 5 9

⑤ 　 1 9 8
　 × 　 8 6

⑥ 　 8 1 2
　 × 　 4 8

⑦ 　 6 9 8
　 × 　 5 4

⑧ 　 7 1 6
　 × 　 6 7

⑨ 　 5 6 5
　 × 　 8 9

⑩ 　 8 3 4
　 × 　 6 3

⑪ 　 9 2 5
　 × 　 7 8

정말 잘하고 있어요!
조금만 더 힘내요~.

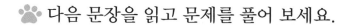

도전! 땅 짚고 헤엄치는 문장제
쉬운 문장제로 연산의 기본 개념을 익혀 봐요!

🐾 다음 문장을 읽고 문제를 풀어 보세요.

1 한 개에 150원인 지우개 12개는 모두 얼마일까요?

_____

2 호두를 한 상자에 315개씩 담았습니다. 26상자에 담은 호두는 모두 몇 개일까요?

_____

3 극장 한 관에 246개의 의자가 있습니다. 14개의 관에는 의자가 모두 몇 개 있을까요?

_____

4 아버지가 128쪽짜리 동화책을 45권 사주셨습니다. 동화 책 45권을 다 읽으면 모두 몇 쪽을 읽게 될까요?

_____

5 민수가 하루에 125 m씩 달리기를 한다면 8월 한 달 동안 매일 달린 거리는 모두 몇 m일까요?

_____

5 8월 한 달은 31일이에요.

☆ **(세 자리 수)×(두 자리 수)의 실수하기 쉬운 유형**

실수 1 곱을 자릿값의 위치에 맞게 쓰지 않은 경우

⊗
```
    5 2 6
  ×   1 4
  2 1 0 4
    5 2 6
  2 6 3 0
```

→

◎
```
    5 2 6
  ×   1 4
  2 1 0 4
  5 2 6 0
  7 3 6 4
```

> 526×10의 계산 결과는 5260이므로 자릿값의 위치에 맞게 써서 계산해야 합니다.

실수 2 곱셈에서 올림한 수를 더하지 않은 경우

⊗
```
      8 3 4
   ×    2 8
66  (6 4 7 2)
  1 6 6 8 0
  2 3 1 5 2
```

→

◎
```
      8 3 4
   ×    2 8
    6 6 7 2
  1 6 6 8 0
  2 3 3 5 2
```

> 834×8의 곱을 구하는 과정에서 십의 자리 계산에서 올림한 수 2를 $^1\boxed{}$의 자리 계산을 할 때 더해 주지 않았습니다.

실수 3 덧셈에서 받아올림한 수를 더하지 않은 경우

⊗
```
      4 7 3
   ×    8 6
    2 8 3 8
  3 7 8 4 0
  (3 9 6 7 8)
40
```

→

◎
```
      4 7 3
   ×    8 6
    2 8 3 8
  3 7 8 4 0
  4 0 6 7 8
```

> 두 곱을 각각 구하고 더하는 과정에서 받아올림을 하지 않았습니다.
> 백의 자리에서 받아올림한 수는 $^2\boxed{}$의 자리 계산을 할 때 더해 줘야 합니다.

똑같은 수를 곱하니 문제가 잘 풀리는 거 같죠? 그래도 조심해야 해요!
방심하면 올림이 없는데도 올림이 있는 것처럼 계산할 수 있어요.

🐾 곱셈을 하세요.

①
```
    1 1 1
  ×   1 1
```

②
```
    2 2 2
  ×   2 2
```

③
```
    3 3 3
  ×   3 3
```

④
```
    4 4 4
  ×   4 4
```

⑤
```
    5 5 5
  ×   5 5
```

⑥
```
    6 6 6
  ×   6 6
```

⑦
```
    7 7 7
  ×   7 7
```

⑧
```
    8 8 8
  ×   8 8
```

⑨
```
    9 9 9
  ×   9 9
```

⑩
```
    3 3 3
  ×   8 8
```

⑪
```
    7 7 7
  ×   4 4
```

⑫
```
    5 5 5
  ×   2 2
```

🐾 곱셈을 하세요.

①
```
    1 2 3
  ×   4 5
```

②
```
    2 3 4
  ×   5 6
```

③
```
    3 4 5
  ×   6 7
```

④
```
    4 5 6
  ×   7 3
```

⑤
```
    5 6 7
  ×   8 9
```

⑥
```
    6 7 8
  ×   9 1
```

⑦
```
    2 4 6
  ×   6 8
```

⑧
```
    7 8 9
  ×   1 2
```

⑨
```
    5 3 5
  ×   7 9
```

⑩
```
    8 9 1
  ×   2 3
```

⑪
```
    9 1 2
  ×   3 4
```

올림이 많죠?
올림한 수를 작게 쓰면
정확도가 올라가요!

🐾 곱셈을 하세요.

①
```
    4 3 2
  ×   1 9
```

②
```
    8 6 4
  ×   2 2
```

③
```
    1 9 8
  ×   7 6
```

④
```
    6 5 4
  ×   3 2
```

⑤
```
    5 4 3
  ×   2 1
```

⑥
```
    7 6 5
  ×   4 3
```

⑦
```
    3 2 1
  ×   9 8
```

⑧
```
    2 1 9
  ×   8 7
```

⑨
```
    9 7 5
  ×   3 4
```

⑩
```
    9 8 7
  ×   6 5
```

⑪
```
    8 7 6
  ×   5 4
```

⑫
```
    7 3 9
  ×   4 8
```

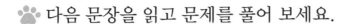

🐾 다음 문장을 읽고 문제를 풀어 보세요.

❶ 실핀이 한 상자에 115개씩 들어 있다면 53상자에 들어 있는 실핀은 모두 몇 개일까요?

_____

❷ 밤 줍기 체험 활동에서 학생 한 명이 밤을 26개씩 주웠습니다. 학생 214명이 주운 밤은 모두 몇 개일까요?

_____

❸ 어머니께서 유찬이 생일 선물로 128쪽짜리 역사책 36권을 사주셨습니다. 역사책 36권은 모두 몇 쪽일까요?

_____

❹ 은서가 줄넘기를 하루에 125번씩 한다면 5주 동안에는 줄넘기를 모두 몇 번 할까요?

_____

❺ 수민이네 학교 학생은 617명입니다. 학생 한 명에게 연필을 한 타씩 나누어 주려고 합니다. 필요한 연필은 모두 몇 자루일까요?

_____

속닥속닥

❹ 1주일은 7일이므로 5주는 7×5=35(일)이에요.
❺ 연필 한 타는 12자루예요.

24 (세 자리 수)×(두 자리 수) 종합 문제

🐾 곱셈을 하세요.

①
$$\begin{array}{r} 500 \\ \times\ 40 \\ \hline \end{array}$$

②
$$\begin{array}{r} 320 \\ \times\ 70 \\ \hline \end{array}$$

③
$$\begin{array}{r} 142 \\ \times\ 90 \\ \hline \end{array}$$

④
$$\begin{array}{r} 112 \\ \times\ 43 \\ \hline \end{array}$$

⑤
$$\begin{array}{r} 414 \\ \times\ 32 \\ \hline \end{array}$$

⑥
$$\begin{array}{r} 263 \\ \times\ 74 \\ \hline \end{array}$$

⑦
$$\begin{array}{r} 545 \\ \times\ 25 \\ \hline \end{array}$$

⑧
$$\begin{array}{r} 313 \\ \times\ 81 \\ \hline \end{array}$$

⑨
$$\begin{array}{r} 816 \\ \times\ 42 \\ \hline \end{array}$$

⑩
$$\begin{array}{r} 670 \\ \times\ 34 \\ \hline \end{array}$$

⑪
$$\begin{array}{r} 772 \\ \times\ 56 \\ \hline \end{array}$$

⑫
$$\begin{array}{r} 918 \\ \times\ 47 \\ \hline \end{array}$$

🐾 곱셈을 하세요.

①   180
   ×   70

②   670
   ×   90

③   202
   ×   42

④   412
   ×   25

⑤   146
   ×   23

⑥   342
   ×   53

⑦   368
   ×   61

⑧   847
   ×   22

⑨   517
   ×   58

⑩   659
   ×   43

⑪   782
   ×   35

⑫   921
   ×   29

🐾 곱셈을 하세요.

①   1 2 2
   ×   4 3

②   4 7 6
   ×   9 0

③   2 1 3
   ×   8 1

④   1 4 3
   ×   3 5

⑤   2 9 2
   ×   7 0

⑥   9 4 5
   ×   1 2

⑦   3 2 1
   ×   6 6

⑧   4 2 7
   ×   8 4

⑨   7 0 3
   ×   4 6

⑩   5 4 4
   ×   2 7

⑪   6 1 2
   ×   9 4

⑫   8 3 6
   ×   3 7

🐾 빠독이가 이글루를 찾아가려고 합니다. 올바른 답이 적힌 길을 따라가 보세요.

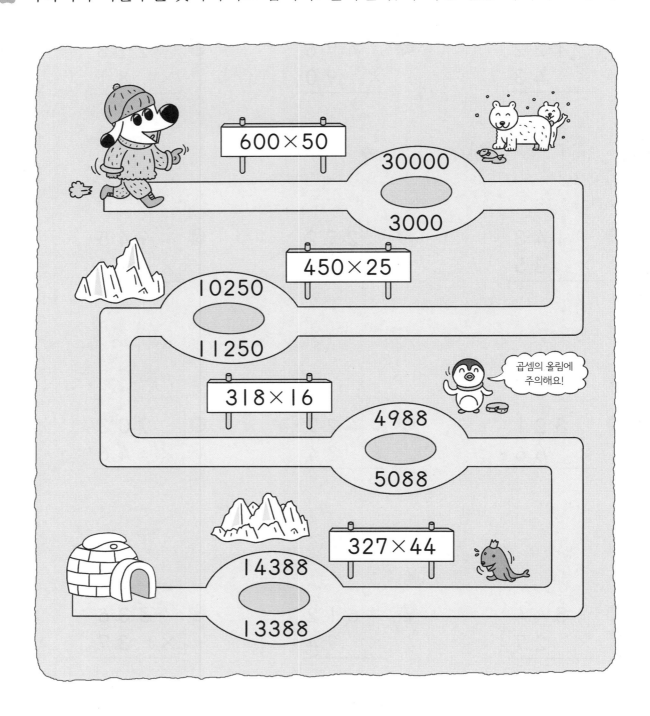

🐾 사물함의 비밀번호는 사물함에 적힌 곱셈을 풀면 알 수 있습니다. 빈칸에 알맞은 수를 써넣어 비밀번호를 구하세요.

① 470×21

② 318×25

③ 259×34

④ 157×19

 초등 곱셈 완성~. 정말 수고했어요.!
이제 자신있게 풀 수 있겠죠?
틀린 문제는 꼭 확인하고 넘어가세요.

수는 네 자리씩 끊어 읽는데 왜 쉼표는 세 자리마다 찍을까요?

우리는 '만, 억, 조……' 등 네 자리씩 수를 세요. 그런데 수를 네 자리씩 끊어 읽으면서 왜 쉼표는 세 자리마다 찍는 걸까요?

그 이유는 아라비아 숫자가 우리나라에 들어오면서 서양의 숫자 세는 방법이 우리나라 방법과 뒤섞였기 때문이에요. 서양은 '천, 백만, 십억……'처럼 세 자리마다 구분하는 수 개념을 가지고 있어요. 그래서 세 자리씩 끊어서 읽고, 또 세 자리마다 쉼표를 찍는답니다.

이러한 이유로 아라비아 숫자가 들어온 후 우리나라도 서양의 숫자 읽는 기준에 따라 세 자리마다 쉼표를 찍게 되었어요. 하지만 읽을 때는 예전처럼 네 자리씩 끊어서 읽어요.

바쁜 빠른

3·4학년을 위한

곱셈

 정답

맨날 노는데
수학 잘하는 너!
도대체 비결이
뭐야?

① 정답을 확인한 후 틀린 문제는 ☆표를 쳐 놓으세요~.

② 그런 다음 연습장에 틀린 문제를 옮겨 적으세요.

③ 그리고 그 문제들만 한 번 더 풀어 보세요.

시간은 얼마 걸리지 않아요. 그러나 이때 실력이 확 붙는 거예요.
아는 문제를 여러 번 다시 푸는 건 시간 낭비예요.
내가 틀린 문제만 모아서 풀면 아무리 바쁘더라도
수학 실력을 키울 수 있어요!

비결은
간단해!

01단계 (A) 19쪽

① 10	② 6	③ 12	④ 30
⑤ 63	⑥ 24	⑦ 48	⑧ 48
⑨ 12	⑩ 32	⑪ 18	⑫ 16
⑬ 21	⑭ 21	⑮ 36	⑯ 18
⑰ 54	⑱ 32	⑲ 63	⑳ 35
㉑ 40			

01단계 (B) 20쪽

① 40	② 0	③ 12	④ 50
⑤ 28	⑥ 24	⑦ 72	⑧ 35
⑨ 48	⑩ 72	⑪ 20	⑫ 36
⑬ 0	⑭ 54	⑮ 56	⑯ 42
⑰ 45	⑱ 42	⑲ 81	⑳ 70
㉑ 64	㉒ 80	㉓ 63	

01단계 도전! 땅 짚고 헤엄치는 문장제 21쪽

| ① 6개 | ② 45개 | ③ 24개 |
| ④ 63명 | ⑤ 56개 | |

문장제 풀이

① 2×3=6(개)

② 5×9=45(개)

③ 6×4=24(개)

④ 9×7=63(명)

⑤ 7×8=56(개)

02단계 (A) 23쪽

①

×	1	2	3	4	5	6	7	8	9
2	2	④	6	⑧	10	⑫	14	⑯	18
4	4	△8	12	△16	20	△24	28	△32	36
8	8	16	24	32	40	48	56	64	72

②

×	1	2	3	4	5	6	7	8	9
3	3	⑥	△9	⑫	15	△18	21	㉔	△27
6	6	12	18	24	30	36	42	48	54
9	9	18	27	36	45	54	63	72	81

02단계 (B) 24쪽

| ① 8 | ② 12 | ③ 7 |
| ④ 48 | ⑤ 48 | |

×	1	2	3	4	5	6	7	8	9
1	1	2	3	4	5	6	7	8	9
2	2	4	6	8	10	12	14	16	18
3	3	6	9	12	15	18	21	24	27
4	4	8	12	16	20	24	28	32	36
5	5	10	15	20	25	30	35	40	45
6	6	12	18	24	30	36	42	48	54
7	7	14	21	28	35	42	49	56	63
8	8	16	24	32	40	48	56	64	72
9	9	18	27	36	45	54	63	72	81

02단계 [도전!] 생각이 자라는 **사고력 문제**　　25쪽

①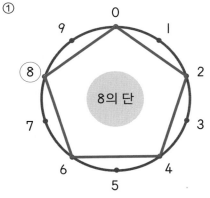

8의 단

곱의 일의 자리 숫자가 [2]씩 작아집니다.

②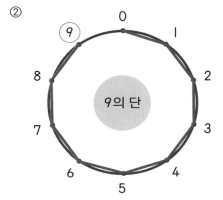

9의 단

곱의 일의 자리 숫자가 [1]씩 작아집니다.

03단계 Ⓐ　　27쪽

① 3	② 8	③ 6	④ 4
⑤ 9	⑥ 2	⑦ 8	⑧ 7
⑨ 8	⑩ 6	⑪ 7	⑫ 6
⑬ 8	⑭ 9	⑮ 8	⑯ 7
⑰ 9	⑱ 7	⑲ 6	⑳ 9

03단계 Ⓑ　　28쪽

① 5	② 8	③ 3	④ 9
⑤ 7	⑥ 6	⑦ 6	⑧ 9
⑨ 8	⑩ 5	⑪ 9	⑫ 9

03단계 [도전!] 생각이 자라는 **사고력 문제**　　29쪽

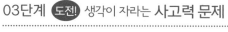

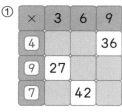

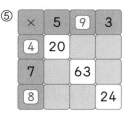

04단계 종합 문제　　30쪽

① 12	② 15	③ 28	④ 0
⑤ 42	⑥ 36	⑦ 15	⑧ 40
⑨ 54	⑩ 48	⑪ 60	⑫ 63
⑬ 7	⑭ 9	⑮ 3	⑯ 6
⑰ 8	⑱ 7	⑲ 9	⑳ 8

04단계 종합 문제 31쪽

①

×	3	6	7
2	6	12	14
5	15	30	35

②

×	2	5	8
3	6	15	24
7	14	35	56

③

×	6	2	9
4	24	8	36
9	54	18	81

④

×	4	3	7
6	24	18	42
8	32	24	56

⑤ 6　　　⑥ 9　　　⑦ 8　　　⑧ 9

⑨ 7　　　⑩ 8

04단계 종합 문제 32쪽

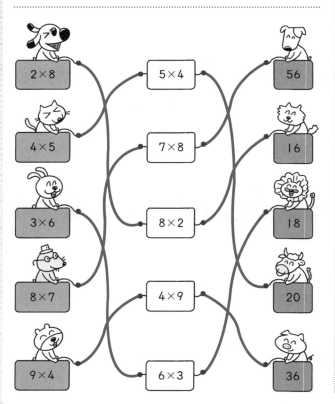

04단계 종합 문제 33쪽

①

②

05단계 Ⓐ 37쪽

① 40　　② 60　　③ 80　　④ 90

⑤ 42　　⑥ 55　　⑦ 48　　⑧ 39

⑨ 46　　⑩ 88　　⑪ 82

05단계 Ⓑ 38쪽

① 77　　② 66　　③ 99　　④ 93

⑤ 64　　⑥ 96　　⑦ 99　　⑧ 62

⑨ 84　　⑩ 86　　⑪ 88

05단계 도전! 생각이 자라는 **사고력 문제**   39쪽

①
2 × 11 =	2	2
2 × 12 =	2	4
2 × 13 =	2	6
2 × 14 =	2	8
2 × 15 =	3	0
2 × 16 =	3	2
2 × 17 =	3	4
2 × 18 =	3	6
2 × 19 =	3	8
2 × 20 =	4	0

(+2 반복)

규칙 곱이 2 씩 커지고, 곱의 일의 자리가 2, 4, 6, 8, 0을 반복합니다.

②
3 × 11 =	3	3
3 × 12 =	3	6
3 × 13 =	3	9
3 × 14 =	4	2
3 × 15 =	4	5
3 × 16 =	4	8
3 × 17 =	5	1
3 × 18 =	5	4
3 × 19 =	5	7
3 × 20 =	6	0

(+3 반복)

규칙 곱이 3 씩 커집니다.

06단계 Ⓐ   41쪽

① 105   ② 204   ③ 729   ④ 146

⑤ 366   ⑥ 156   ⑦ 147   ⑧ 328

⑨ 189   ⑩ 368   ⑪ 355

06단계 Ⓑ   42쪽

① 328   ② 126   ③ 288   ④ 488

⑤ 637   ⑥ 279   ⑦ 405   ⑧ 168

⑨ 306   ⑩ 819   ⑪ 568

06단계 Ⓒ   43쪽

① 186   ② 639   ③ 248   ④ 208

⑤ 287   ⑥ 189   ⑦ 486   ⑧ 305

⑨ 648   ⑩ 369   ⑪ 216   ⑫ 279

06단계 도전! 생각이 자라는 **사고력 문제**   44쪽

①
4 × 11 =	4	4
4 × 12 =	4	8
4 × 13 =	5	2
4 × 14 =	5	6
4 × 15 =	6	0
4 × 16 =	6	4
4 × 17 =	6	8
4 × 18 =	7	2
4 × 19 =	7	6
4 × 20 =	8	0

(+4 반복)

규칙 곱이 4 씩 커지고, 곱의 일의 자리가 4, 8 , 2 , 6, 0을 반복합니다.

②
5 × 11 =	5	5
5 × 12 =	6	0
5 × 13 =	6	5
5 × 14 =	7	0
5 × 15 =	7	5
5 × 16 =	8	0
5 × 17 =	8	5
5 × 18 =	9	0
5 × 19 =	9	5
5 × 20 =	1	0	0

(+5 반복)

규칙 곱이 5 씩 커지고, 곱의 일의 자리가 5 , 0 을 반복합니다.

07단계 Ⓐ 46쪽

① 38 ② 42 ③ 84 ④ 68
⑤ 54 ⑥ 80 ⑦ 56 ⑧ 75
⑨ 74 ⑩ 84 ⑪ 90

07단계 Ⓑ 47쪽

① 72 ② 58 ③ 75 ④ 56
⑤ 91 ⑥ 34 ⑦ 96 ⑧ 78
⑨ 70 ⑩ 72 ⑪ 95 ⑫ 92

07단계 Ⓒ 48쪽

① 96 ② 78 ③ 70 ④ 90
⑤ 64 ⑥ 85 ⑦ 54 ⑧ 45
⑨ 84 ⑩ 92 ⑪ 78

07단계 도전! 생각이 자라는 사고력 문제 49쪽

①

$6 \times 11 =$ 6 6   +6
$6 \times 12 =$ 7 2   +6
$6 \times 13 =$ 7 8   +6
$6 \times 14 =$ 8 4   +6
$6 \times 15 =$ 9 0   +6
$6 \times 16 =$ 9 6   +6
$6 \times 17 =$ 1 0 2   +6
$6 \times 18 =$ 1 0 8   +6
$6 \times 19 =$ 1 1 4   +6
$6 \times 20 =$ 1 2 0

규칙 곱이 ⑥씩 커지고, 곱의 일의 자리가 6, ②, ⑧, 4, 0을 반복합니다.

②

$7 \times 11 =$ 7 7   +7
$7 \times 12 =$ 8 4   +7
$7 \times 13 =$ 9 1   +7
$7 \times 14 =$ 9 8   +7
$7 \times 15 =$ 1 0 5   +7
$7 \times 16 =$ 1 1 2   +7
$7 \times 17 =$ 1 1 9   +7
$7 \times 18 =$ 1 2 6   +7
$7 \times 19 =$ 1 3 3   +7
$7 \times 20 =$ 1 4 0

규칙 곱이 ⑦씩 커집니다.

08단계 Ⓐ 51쪽

① 184 ② 140 ③ 170 ④ 354
⑤ 140 ⑥ 474 ⑦ 196 ⑧ 558
⑨ 456 ⑩ 666 ⑪ 176 ⑫ 372

08단계 Ⓑ 52쪽

① 162 ② 196 ③ 162 ④ 330
⑤ 188 ⑥ 290 ⑦ 195 ⑧ 178
⑨ 207 ⑩ 266 ⑪ 846 ⑫ 608

08단계 Ⓒ 53쪽

① 182 ② 258 ③ 276 ④ 222
⑤ 272 ⑥ 172 ⑦ 236 ⑧ 192
⑨ 460 ⑩ 175 ⑪ 432

08단계 도전! 생각이 자라는 **사고력 문제**   54쪽

①
$8 \times 11 =$	8	8	+8
$8 \times 12 =$	9	6	+8
$8 \times 13 =$	1 0	4	+8
$8 \times 14 =$	1 1	2	+8
$8 \times 15 =$	1 2	0	+8
$8 \times 16 =$	1 2	8	+8
$8 \times 17 =$	1 3	6	+8
$8 \times 18 =$	1 4	4	+8
$8 \times 19 =$	1 5	2	+8
$8 \times 20 =$	1 6	0	+8

규칙 곱이 8 씩 커지고, 곱의 일의 자리가 8, 6 , 4 , 2, 0을 반복합니다.

②
$9 \times 11 =$	9	9	+9
$9 \times 12 =$	1 0	8	+9
$9 \times 13 =$	1 1	7	+9
$9 \times 14 =$	1 2	6	+9
$9 \times 15 =$	1 3	5	+9
$9 \times 16 =$	1 4	4	+9
$9 \times 17 =$	1 5	3	+9
$9 \times 18 =$	1 6	2	+9
$9 \times 19 =$	1 7	1	+9
$9 \times 20 =$	1 8	0	+9

규칙 곱이 9 씩 커지고, 곱의 일의 자리가 1 씩 작아집니다.

09단계 종합 문제   55쪽

① 90   ② 68   ③ 96   ④ 189

⑤ 205   ⑥ 112   ⑦ 114   ⑧ 87

⑨ 208   ⑩ 387   ⑪ 608   ⑫ 582

09단계 종합 문제   56쪽

① 58   ② 369   ③ 95   ④ 432

⑤ 117   ⑥ 236   ⑦ 288   ⑧ 234

⑨ 406   ⑩ 372   ⑪ 474   ⑫ 688

09단계 종합 문제   57쪽

09단계 종합 문제

58쪽

10단계 도전! 땅 짚고 헤엄치는 문장제

64쪽

① 600장　　② 480개　　③ 396 cm

④ 248쪽　　⑤ 486송이

문장제 풀이

① 200×3=600(장)

② 120×4=480(개)

③ 132×3=396(cm)

④ 124×2=248(쪽)

⑤ 243×2=486(송이)

10단계 Ⓐ

61쪽

① 600	② 1200	③ 280	④ 720
⑤ 920	⑥ 740	⑦ 1290	⑧ 760
⑨ 2480	⑩ 520	⑪ 1480	

11단계 Ⓐ

66쪽

① 590	② 694	③ 704	④ 805
⑤ 816	⑥ 2799	⑦ 2196	⑧ 1028
⑨ 858	⑩ 579	⑪ 1896	

10단계 Ⓑ

62쪽

① 448	② 369	③ 262	④ 399
⑤ 963	⑥ 624	⑦ 662	⑧ 663
⑨ 884	⑩ 666	⑪ 939	

11단계 Ⓑ

67쪽

① 856	② 436	③ 906	④ 5499
⑤ 1269	⑥ 768	⑦ 2169	⑧ 798
⑨ 528	⑩ 896	⑪ 3608	⑫ 855

10단계 Ⓒ

63쪽

① 242	② 264	③ 462	④ 488
⑤ 993	⑥ 426	⑦ 699	⑧ 936
⑨ 642	⑩ 636	⑪ 888	⑫ 686

11단계 Ⓒ

68쪽

① 688	② 951	③ 1848	④ 975
⑤ 1006	⑥ 987	⑦ 696	⑧ 872
⑨ 2848	⑩ 759	⑪ 1596	

11단계 도전! 땅 짚고 헤엄치는 **문장제** 69쪽

① 456개　　② 4080원　　③ 535대

④ 600개　　⑤ 684가구

문장제 풀이

① 152×3=456(개)

② 510×8=4080(원)

③ 107×5=535(대)

④ 150×4=600(개)

⑤ 114×6=684(가구)

12단계 도전! 땅 짚고 헤엄치는 **문장제** 74쪽

① 1460일　　② 925번　　③ 992 m

④ 792장　　⑤ 3661칼로리

문장제 풀이

① 365×4=1460(일)

② 185×5=925(번)

③ 496×2=992(m)

④ 264×3=792(장)

⑤ 523×7=3661(칼로리)

12단계 Ⓐ 71쪽

① 748　　② 1880　　③ 1764　　④ 1365

⑤ 2526　　⑥ 2835　　⑦ 1584　　⑧ 2898

⑨ 896　　⑩ 6888　　⑪ 4524　　⑫ 4615

12단계 Ⓑ 72쪽

① 938　　② 1707　　③ 1418　　④ 594

⑤ 5949　　⑥ 3660　　⑦ 3512　　⑧ 2401

⑨ 4908　　⑩ 1656　　⑪ 2176　　⑫ 1504

12단계 Ⓒ 73쪽

① 695　　② 2889　　③ 1791　　④ 1512

⑤ 984　　⑥ 2262　　⑦ 930　　⑧ 2334

⑨ 1916　　⑩ 3504　　⑪ 5016

13단계 Ⓐ 76쪽

① 450　　② 970　　③ 1060　　④ 740

⑤ 2610　　⑥ 1180　　⑦ 1890　　⑧ 930

⑨ 1900　　⑩ 3590　　⑪ 3780　　⑫ 1000

13단계 Ⓑ 77쪽

① 1498　　② 642　　③ 1725　　④ 2592

⑤ 1118　　⑥ 5635　　⑦ 1944　　⑧ 2416

⑨ 852　　⑩ 6354　　⑪ 1791　　⑫ 2958

13단계 Ⓒ 78쪽

① 1566　　② 1384　　③ 1156　　④ 1698

⑤ 3336　　⑥ 5364　　⑦ 1932　　⑧ 1032

⑨ 3980　　⑩ 2664　　⑪ 4004　　⑫ 8991

13단계 도전! 생각이 자라는 **사고력 문제** 79쪽

① 3753, 3762, 3771 / 9

② 1224, 1428, 1632 / 204

③ 2680, 2144, 1608 / 536

사고력 풀이

① 곱해지는 수가 1씩 커지면 곱은 곱하는 수만큼 커집니다.
② 곱하는 수가 1씩 커지면 곱은 곱해지는 수만큼 커집니다.
③ 곱하는 수가 1씩 작아지면 곱은 곱해지는 수만큼 작아집니다.

14단계 종합 문제 80쪽

① 642 ② 1290 ③ 855 ④ 768

⑤ 1512 ⑥ 3054 ⑦ 954 ⑧ 508

⑨ 896 ⑩ 3160 ⑪ 2238 ⑫ 6888

14단계 종합 문제 81쪽

① 638 ② 800 ③ 2268 ④ 906

⑤ 555 ⑥ 2418 ⑦ 1001 ⑧ 2808

⑨ 5792 ⑩ 2478 ⑪ 1848 ⑫ 2632

14단계 종합 문제 82쪽

① 1212 ② 1572 ③ 690 ④ 876

⑤ 1512 ⑥ 387 ⑦ 6408 ⑧ 2958

⑨ 5096 ⑩ 3572 ⑪ 4256 ⑫ 3108

14단계 종합 문제 83쪽

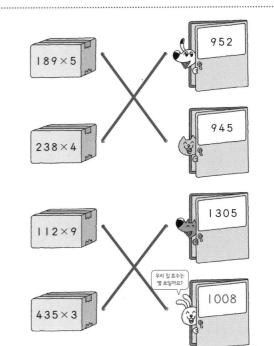

14단계 종합 문제 84쪽

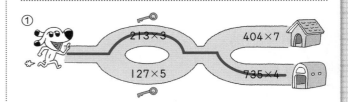

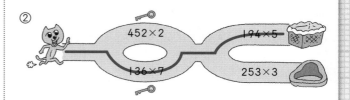

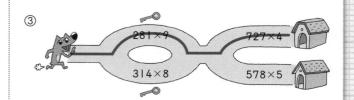

15

15단계 Ⓐ
87쪽

① 800　② 1000　③ 4200　④ 1800

⑤ 2400　⑥ 3200　⑦ 1400　⑧ 4500

⑨ 1500　⑩ 2800　⑪ 2700

15단계 Ⓑ
88쪽

① 260　② 850　③ 870　④ 1680

⑤ 1960　⑥ 2920　⑦ 1260　⑧ 1280

⑨ 740　⑩ 2760　⑪ 2320

15단계 Ⓒ
89쪽

① 840　② 3180　③ 1120　④ 4740

⑤ 2960　⑥ 2880　⑦ 1080　⑧ 1330

⑨ 3400　⑩ 2160　⑪ 2000

15단계 도전! 땅 짚고 헤엄치는 문장제
90쪽

① 600장　② 640명　③ 1200시간

④ 720개　⑤ 930분

문장제 풀이

① 30×20=600(장)

② 20×32=640(명)

③ 24×50=1200(시간)

④ 12×60=720(개)

⑤ 30×31=930(분)

16

16단계 Ⓐ
92쪽

① 372　② 144　③ 156　④ 168

⑤ 294　⑥ 169　⑦ 143　⑧ 276

⑨ 154　⑩ 176　⑪ 198　⑫ 882

16단계 Ⓑ
93쪽

① 252　② 209　③ 651　④ 506

⑤ 605　⑥ 341　⑦ 396　⑧ 484

⑨ 924　⑩ 714　⑪ 528

16단계 Ⓒ
94쪽

① 408　② 165　③ 252　④ 861

⑤ 516　⑥ 403　⑦ 396　⑧ 704

⑨ 504　⑩ 968　⑪ 992

16단계 도전! 생각이 자라는 사고력 문제
95쪽

① 132　② 352　③ 286

④ 473　⑤ 594　⑥ 682

17단계 Ⓐ 97쪽

① 312 ② 850 ③ 1075 ④ 714
⑤ 1440 ⑥ 1680 ⑦ 1768 ⑧ 812
⑨ 2790 ⑩ 2279 ⑪ 1989

17단계 Ⓑ 98쪽

① 444 ② 1400 ③ 1426 ④ 952
⑤ 1628 ⑥ 2730 ⑦ 2590 ⑧ 1403
⑨ 2408 ⑩ 2544 ⑪ 2905

17단계 Ⓒ 99쪽

① 559 ② 936 ③ 1416 ④ 600
⑤ 756 ⑥ 1127 ⑦ 1692 ⑧ 2275
⑨ 1944 ⑩ 3936 ⑪ 3081 ⑫ 2325

17단계 Ⓓ 100쪽

① 855 ② 705 ③ 1624 ④ 2028
⑤ 2890 ⑥ 6603 ⑦ 3420 ⑧ 3618
⑨ 6450 ⑩ 5106 ⑪ 8352

17단계 도전! 생각이 자라는 사고력 문제 101쪽

①
```
      2 4
  ×   8 5
  1 6 2 0
  +   4 2
  2 0 4 0
```

②
```
      6 8
  ×   5 9
  3 0 7 2
  +   9 4
  4 0 1 2
```

③
```
      5 3
  ×   9 8
  4 5 2 4
  +   6 7
  5 1 9 4
```

④
```
      8 7
  ×   6 4
  4 8 2 8
  +   7 4
  5 5 6 8
```

18단계 Ⓐ 103쪽

① 2760 ② 1160 ③ 6450 ④ 1920
⑤ 1974 ⑥ 4800 ⑦ 4380 ⑧ 4692
⑨ 5607 ⑩ 3196 ⑪ 4690 ⑫ 3306

18단계 Ⓑ 104쪽

① 1872 ② 3392 ③ 3115 ④ 3312
⑤ 3876 ⑥ 2668 ⑦ 3441 ⑧ 2052
⑨ 6935 ⑩ 5395 ⑪ 3038 ⑫ 4606

18단계 Ⓒ 105쪽

① 1782 ② 1078 ③ 748 ④ 5632
⑤ 3003 ⑥ 1672 ⑦ 4620 ⑧ 2574
⑨ 6402 ⑩ 2664 ⑪ 1440 ⑫ 4056

18단계 도전! 땅 짚고 헤엄치는 문장제 106쪽

① 405개 ② 1024 cm ③ 744시간

④ 600개 ⑤ 1008문제

문장제 풀이

① 15×27=405(개)

② 64×16=1024(cm)

③ 24×31=744(시간)

④ 24×25=600(개)

⑤ 36×28=1008(문제)

19

19단계 종합 문제 107쪽

① 2800 ② 840 ③ 726 ④ 1350

⑤ 704 ⑥ 1242 ⑦ 1323 ⑧ 2350

⑨ 2400 ⑩ 4680 ⑪ 2904 ⑫ 3038

19단계 종합 문제 108쪽

① 920 ② 903 ③ 1242 ④ 2400

⑤ 3400 ⑥ 1410 ⑦ 1872 ⑧ 3528

⑨ 1168 ⑩ 1365 ⑪ 1988 ⑫ 3038

19단계 종합 문제 109쪽

① 1650 ② 196 ③ 1260 ④ 731

⑤ 722 ⑥ 975 ⑦ 1755 ⑧ 1533

⑨ 1980 ⑩ 1536 ⑪ 2262 ⑫ 4140

19단계 종합 문제 110쪽

19단계 종합 문제 111쪽

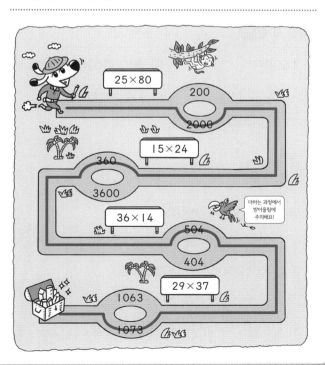

20단계 Ⓐ　115쪽

① 6000　② 28000　③ 54000　④ 7200

⑤ 19200　⑥ 18500　⑦ 50400　⑧ 41500

⑨ 29400　⑩ 47400　⑪ 20300　⑫ 33600

20단계 Ⓑ　116쪽

① 2860　② 4920　③ 31520　④ 38220

⑤ 30120　⑥ 16140　⑦ 37080　⑧ 26960

⑨ 20020　⑩ 73260　⑪ 34600

20단계 Ⓒ　117쪽

① 800　② 12000　③ 730000

④ 270000　⑤ 200000　⑥ 300000

⑦ 1800000　⑧ 5600000　⑨ 3600000

⑩ 1200000　⑪ 4000000　⑫ 3500000

⑬ 54000000

20단계 도전! 땅 짚고 헤엄치는 문장제　118쪽

① 1600개　　② 400000장

③ 1600000원　　④ 100000 km

⑤ 1200000원

문장제 풀이

① 16×100=1600(개)

② 400×1000=400000(장)

③ 800×2000=1600000(원)

④ 500×200=100000(km)

⑤ 2000×600=1200000(원)

21단계 Ⓐ　120쪽

① 1232　② 3013　③ 1729　④ 7656

⑤ 4554　⑥ 2928　⑦ 9042　⑧ 6594

⑨ 4816　⑩ 6603　⑪ 5052

21단계 Ⓑ　121쪽

① 6752　② 2394　③ 6842　④ 5246

⑤ 1728　⑥ 4199　⑦ 4303　⑧ 7406

⑨ 5061　⑩ 4356　⑪ 9672　⑫ 9702

21단계 Ⓒ　122쪽

① 5324　② 3024　③ 4056　④ 4961

⑤ 3616　⑥ 5336　⑦ 5082　⑧ 6913

⑨ 5088　⑩ 7392　⑪ 9051

21단계 도전! 생각이 자라는 사고력 문제　123쪽

① 1234321, 123454321 / 9

② 1222221, 12222221 / 8

22

22단계 A   125쪽

① 13578   ② 17745   ③ 32026   ④ 48732

⑤ 33124   ⑥ 60756   ⑦ 11610   ⑧ 28365

⑨ 31006   ⑩ 23577   ⑪ 30212

22단계 B   126쪽

① 9900   ② 8675   ③ 15770   ④ 14129

⑤ 34238   ⑥ 8995   ⑦ 13598   ⑧ 11220

⑨ 75850   ⑩ 28331   ⑪ 28954   ⑫ 25317

22단계 C   127쪽

① 11205   ② 18450   ③ 22848   ④ 19656

⑤ 19107   ⑥ 28170   ⑦ 30134   ⑧ 47376

⑨ 64387   ⑩ 50844   ⑪ 33286   ⑫ 73206

22단계 D   128쪽

① 9954   ② 20664   ③ 17640   ④ 27848

⑤ 17028   ⑥ 38976   ⑦ 37692   ⑧ 47972

⑨ 50285   ⑩ 52542   ⑪ 72150

22단계 도전! 땅 짚고 헤엄치는 문장제   129쪽

① 1800원   ② 8190개   ③ 3444개

④ 5760쪽   ⑤ 3875 m

문장제 풀이

① $150 \times 12 = 1800$(원)

② $315 \times 26 = 8190$(개)

③ $246 \times 14 = 3444$(개)

④ $128 \times 45 = 5760$(쪽)

⑤ $125 \times 31 = 3875$(m)

23

23단계 A   131쪽

① 1221   ② 4884   ③ 10989   ④ 19536

⑤ 30525   ⑥ 43956   ⑦ 59829   ⑧ 78144

⑨ 98901   ⑩ 29304   ⑪ 34188   ⑫ 12210

23단계 B   132쪽

① 5535   ② 13104   ③ 23115   ④ 33288

⑤ 50463   ⑥ 61698   ⑦ 16728   ⑧ 9468

⑨ 42265   ⑩ 20493   ⑪ 31008

23단계 C   133쪽

① 8208   ② 19008   ③ 15048   ④ 20928

⑤ 11403   ⑥ 32895   ⑦ 31458   ⑧ 19053

⑨ 33150   ⑩ 64155   ⑪ 47304   ⑫ 35472

① 6095개   ② 5564개   ③ 4608쪽

④ 4375번   ⑤ 7404자루

문장제 풀이

① $115 \times 53 = 6095$(개)

② $214 \times 26 = 5564$(개)

③ $128 \times 36 = 4608$(쪽)

④ $125 \times 35 = 4375$(번)

⑤ $617 \times 12 = 7404$(자루)

24단계 종합 문제   135쪽

① 20000   ② 22400   ③ 12780   ④ 4816

⑤ 13248   ⑥ 19462   ⑦ 13625   ⑧ 25353

⑨ 34272   ⑩ 22780   ⑪ 43232   ⑫ 43146

24단계 종합 문제   136쪽

① 12600   ② 60300   ③ 8484   ④ 10300

⑤ 3358   ⑥ 18126   ⑦ 22448   ⑧ 18634

⑨ 29986   ⑩ 28337   ⑪ 27370   ⑫ 26709

24단계 종합 문제   137쪽

① 5246   ② 42840   ③ 17253   ④ 5005

⑤ 20440   ⑥ 11340   ⑦ 21186   ⑧ 35868

⑨ 32338   ⑩ 14688   ⑪ 57528   ⑫ 30932

24단계 종합 문제   138쪽

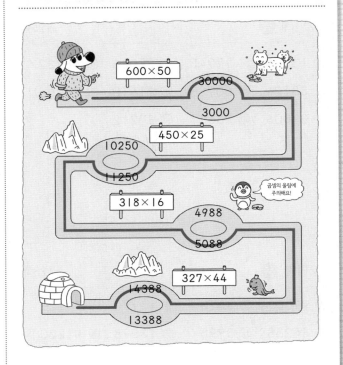

24단계 종합 문제   139쪽